写真・文＝木原浩

季節の植物図鑑［春・夏編］

野の花づくし

Nonohana-Dukusi
Hirosi Kihara

花草子 上 もくじ

春の巻

猫柳　ネコヤナギ　8
菜の花　ナノハナ　11
節分草　セツブンソウ　12
三角草　ミスミソウ　13
福寿草　フクジュソウ　14
三椏・三叉　ミツマタ　16
辛夷　コブシ　17
幣辛夷　シデコブシ　18
大犬の陰嚢　オオイヌノフグリ　20
破れ傘　ヤブレガサ　21
土筆　ツクシ　22
花猫の目　ハナネコノメ　24
諸葛菜　ショカツサイ　25
浜大根　ハマダイコン　26
油瀝青　アブラチャン　27
大島桜　オオシマザクラ　28
黄華鬘　キケマン　29
瑠璃蘩蔞　ルリハコベ　30
野朝顔　ノアサガオ　31
佐多草　サダソウ　32
岩大戟　イワタイゲキ　33
春蘭　シュンラン　34
菫　スミレ　35
関東蒲公英　カントウタンポポ　36
西洋蒲公英　セイヨウタンポポ　37
山桜　ヤマザクラ　38
雑木林新緑　39
多摩の寒葵　タマノカンアオイ　40
甘菜　アマナ　41
走野老　ハシリドコロ　42
蕗の薹　フキノトウ　43
大山桜　オオヤマザクラ　44
奥丁字桜　オクチョウジザクラ　46
山吹　ヤマブキ　47
木通　アケビ　48
白花半鐘蔓　シロバナハンショウヅル　49

大三角草　オオミスミソウ　50
片栗　カタクリ　51
野漆　ノウルシ　52
座禅草　ザゼンソウ　53
耳型天南星　ミミガタテンナンショウ　54
雪餅草　ユキモチソウ　55
千本槍　センボンヤリ　56
独活　ウド　57
大和草　ヤマトグサ　58
踊子草　オドリコソウ　59
蚤の衾　ノミノフスマ　60
車輪梅　シャリンバイ　61
熊谷草　クマガイソウ　62
翁草　オキナグサ　63
雪椿　ユキツバキ　64
千島桜　チシマザクラ　65
雪柳　ユキヤナギ　66
皐月　サツキ　67
三葉躑躅　ミツバツツジ　69
黐躑躅・餅躑躅　モチツツジ　70
紫八染　ムラサキヤシオ　71
曙躑躅　アケボノツツジ　72
桜草　サクラソウ　73
蝦夷大桜草　エゾオオサクラソウ　74
雪割小桜　ユキワリコザクラ　75
空知小桜　ソラチコザクラ　77
三柏・三槲　ミツガシワ　78
春紫苑　ハルジオン　79
水芭蕉　ミズバショウ　81
山葵　ワサビ　82
山芍薬　ヤマシャクヤク　83
高野半鐘蔓　コウヤハンショウヅル　84
野茉莉　エゴノキ　85
朴の木　ホオノキ　86
田虫葉　タムシバ　88
犬橅　イヌブナ　89
橅　ブナ　90
羽団扇楓　ハウチワカエデ　91
猩々袴　ショウジョウバカマ　92
春竜胆　ハルリンドウ　93
酸葉　スイバ　94
春雪の下・春雪の舌　ハルユキノシタ　96
雪の下・雪の舌　ユキノシタ　97
蛍蔓・蛍葛　ホタルカズラ　98

紫　ムラサキ　99
勿忘草・忘れな草　ワスレナグサ　100
鈴虫草　スズムシソウ　101
唐松・落葉松　カラマツ　102
馬刀葉椎・全手葉椎　マテバシイ　103
蟲狩　ムシカリ　104
桜蘭　サクララン　105
蝦夷の立金花　エゾノリュウキンカ　106
立金花　リュウキンカ　107
山烏薇　ヤマドリゼンマイ　108

夏の巻

布袋蘭　ホテイラン　110
捩花　ネジバナ　111
山桃　ヤマモモ（実）　112
山蛍袋・山火垂る袋　ヤマホタルブクロ　113
山椒薔薇　サンショウバラ　114
合歓の木　ネムノキ　115
浜防風　ハマボウフウ　116
軍配昼顔　グンバイヒルガオ　117
浜梨　ハマナス　118
麒麟草・黄輪草　キリンソウ　119
浜万年青　ハマオモト　120
透百合　スカシユリ　123
半夏生・半化粧　ハンゲショウ　124
岩煙草　イワタバコ　125
毒空木　ドクウツギ（実）　126
黒実の鶯神楽　クロミノウグイスカグラ（実）　127
山百合　ヤマユリ　128
虫取り撫子　ムシトリナデシコ　129
瀞草　キヨシソウ　130
鍾馗蘭　ショウキラン　131
岡虎の尾　オカトラノオ　132
綿菅　ワタスゲ　133
三柏・三槲　ミツガシワ　134
柳蘭　ヤナギラン　136
野花菖蒲　ノハナショウブ　137
白根葵　シラネアオイ　138
黄花の敦盛草　キバナノアツモリソウ　139
水木賊　ミズドクサ　140
子鬼百合　コオニユリ　141
白山小桜　ハクサンコザクラ　143

岩弁慶　イワベンケイ　144
色丹草　シコタンソウ　145
小梅蕙草　コバイケイソウ　146
深山薄雪草　ミヤマウスユキソウ　148
早池峰薄雪草　ハヤチネウスユキソウ　150
大平薄雪草　オオヒラウスユキソウ　151
黄花塩竈　キバナシオガマ　152
アポイ鍬形　アポイクワガタ　153
利尻雛罌粟　リシリヒナゲシ　154
紅塩竈　ベニシオガマ　155
千島桔梗　チシマギキョウ　156
高嶺撫子　タカネナデシコ　157
深山紫　ミヤマムラサキ　158
黄花石楠花　キバナシャクナゲ　159
白山石楠花　ハクサンシャクナゲ　160
小岩鏡　コイワカガミ　161
駒草　コマクサ　162
千島金鈴花　チシマキンレイカ　163
沢桔梗　サワギキョウ　164
小葉擬宝珠　コバギボウシ　166
雄宝香　オタカラコウ　167
沢瀉・面高　オモダカ　168
水大葉子　ミズオオバコ　169
千島実栗　チシマミクリ　170
未草　ヒツジグサ　171
睡蓮　スイレン　172
鬼蓮　オニバス　173
蓮　ハス　174
ダリア　175
雌待宵草　メマツヨイグサ　176
夕顔　ユウガオ　177
花笠菊　ハナガサギク　178
向日葵　ヒマワリ　179
鹿の子百合　カノコユリ　180
夏水仙　ナツズイセン　181
烏瓜　カラスウリ　182
苦瓜　ニガウリ(実)　183
浜苦菜　ハマニガナ　184

はじめに

植物写真撮影をなりわいとして四十年を超えた。何事にも飽きっぽい私が、よくもここまで続けてこられたと、今さらながら驚いている。

もともと植物に格別の関心はなく、カメラが趣味だったわけでもない。それがなぜ、このように長い間植物写真家としてやってこられたのか。それは、この本がどうしてできたのか、という問いへの答えにもつながる。

物心ついた頃から、自然の中で遊ぶのが大好きな子供だった。二十歳になってもそれは変わらず、しかし、この頃から、自然の中で生活できる方法、仕事はないだろうかと、考え始めていた。

それが現実となるきっかけとなったのが、ある日、従叔父からもたらされたヒマラヤ行きの話である。山岳写真家白川義員氏の助手として、六カ月間ヒマラヤに行く——山男だった私にとって、この上ない魅力的な誘いであった。二十二歳、だらだらと通っていた大学は即座に退学し、ヒマラヤ取材に同行した。

二カ月に及ぶカンチェンジュンガ山域のトレッキングはとてつもなくハードなものだったが、その旅の中で目にするものすべてが新鮮で面白く、興味深い体験の連続でもあった。とりわけ印象に残ったのが、最後に訪れた村で見た、高さ二十メートルにも及ぶシャクナゲ群、そこに咲く深紅の花の色であった。このヒマラヤ行が、その後の私の生き方に大きく影響を与えたと思う。

帰国し、なすこともなく過ごしている私に、従叔父が今度は植物写真家、冨成忠夫氏が助手を探している、と勧めてくれた。植物に興味はなかったが、アルバイトのつもりで会いに行き、そのまま弟子になった。

師匠につくとすぐに『日本の野生植物』という本のための取材が始まった。国内のすべての植物を網羅しようとする企画で、日本全国を隅々まで訪ね、撮影する。初めて訪れる自然の中を歩き回るのはうれしく、師匠について歩くうち、少しずつ植物に興味が湧いていき、初めて見た花のことを図鑑で調べるのも楽しく、植物に対する好奇心はどんどん広がり、大きくなっていった。

さらに、撮影する師匠の傍らで、一部始終を見続けることで、撮影の技術的なことは自然と身に付いてしまった。半独立の時期を含めて六年後、初めての自分の本『山菜』出版を機に独立した。

独立後はとにかく動き回った。もともと自然の中にいられさえすればいい、という上に、次々に初めての植物に出合い、それを記録するという面白さが加わったのだから、どこに出かけても楽しかった。目的地も決めずに出かけることも多く、野山を歩き回り、ひたすら撮影しまくった。

そんな気ままな撮影行で撮った写真の中から選び出し、まとめたのが本書である。撮ってから時間のたっているものもあるが、一つひとつの写真を見ると、その時の天候、空気感、私の気分までも、まざまざと思い出すことができる。

春の巻

Spring

猫柳 ネコヤナギ—❶

ヤナギ科ヤナギ属◉茨城県日立市

三月から四月、日本に生える柳の中では最も早く開花期を迎える種のひとつ。

写真のネコヤナギが生えていたのは茨城県の山中。雑木林はまだ冬景色に沈んでいたが、川の縁が明るく光っているのが目をひいた。河原を横切って近付いてみると、ネコヤナギが帯状に群生していた。

枝先に付いた冬芽の殻が取れ、ふっくらした花穂が現れている。完全な開花はまだ二週間ほど先と思われた。葉は芽吹いておらず、逆光を受けた綿毛がきらきらと輝いていた。

ネコヤナギは雌雄異株《しゆういしゅ》で、花穂はともに白くて細い毛を密生させる。これはよく銀白色と上品に描写されるが、私にはねずみ色という形容のほうがぴったりくる。名前は猫の尾に由来しているのだが。

日本全域に広く分布し、低地から山地の水辺に生える。

撮影ワンポイント 冬場は被写体である植物が少ないため、一つのものをじっくり撮るチャンスだ。左頁の一枚は、ワイドレンズの効果を出すため思い切り近付いてみた。ほんの少しのカメラ位置の違いで印象はがらりと変わる。

猫柳　ネコヤナギ――❷

ヤナギ科ヤナギ属◉茨城県日立市

水辺が好きだ。水のにおいをかぎつけると、もう水辺に立っている。清流の川辺なら足を踏み入れてじゃぶじゃぶと歩き回る。透明度の高い海辺なら水中に潜りたくてたまらなくなる。季節の変化を感じ取るのも水辺が多い。

写真は、まだ寒さの残る三月上旬、川の中を長靴で歩き回っていたときのもの。周辺の雑木林は灰色に沈み込み、下草には霜が降りていた。そんな中、冬の寒さから花芽を守っていた芽鱗《がりん》を落として、ネコヤナギが銀色の綿毛を膨らませ、きらきらと輝いて春の到来を知らせていた。

水中写真家の友人が、水中写真で季節感を出すのは難しい、花はいいなあとぼやいていたことがある。確かに、水中に限らず、例えば鳥などの場合も、木に止まっていればその木の様子から季節が分かるだろうが、空を飛んでいたら分からない。

実は植物の写真の難しさはここにある。鳥や動物など動くものがテーマだと、そのテーマを際立たせる脇役として使われることの多い植物を、主役として撮らなければならないからだ。

しかしまた、そこが面白いところでもある。相手は逃げていかない。いい被写体を選び、じっくりと腰を据え、納得のいくまで撮影に時間をかけられるからである。

猫柳

ネコヤナギ——❸

ヤナギ科ヤナギ属●東京都文京区

日頃慣れ親しんでいる植物の名前はいつ頃どのように付けられたのだろうか。

古くは万葉の時代より前に名付けられていたものもあるようだ。なるほど、と思うものもあるが、訳の分からないものもあって、さまざまである。

花、葉、実の形から連想して付けられたと思われるものは比較的分かりやすい。中でも動物に例えたものには傑作が多い。犬、猫の体の部位を表現した、イヌノフグリ（実の形）、ネコノメソウ（はじけた実の形）、ネコノシタ（葉がざらざらしている）、などは思わず「うまい！」とほめたくなるほどだ。

極め付きはネコノチチ。個人的に猫は苦手なので詳細にその辺りを観察したことはないが、クロウメモドキ科のネコノチチの小さなポチッとした実を初めて見たときは、名付けた人の想像力に妙に感心してしまった。

ネコヤナギの語源は花穂を猫のしっぽに例えたもの。平凡と言えばそれまでだが、開花寸前は銀色の毛におおわれ、柔らかそうでよく似ている。写真は満開の雄花。

菜の花

ナノハナ

アブラナ科アブラナ属◉神奈川県鎌倉市

実は「ナノハナ」という名前の植物はない。一般的には、アブラナ科アブラナ属の植物で、春に黄色い花を咲かせるものをこう呼んでいる。アブラナ、カラシナ、カブ、ハクサイ、キャベツ、コマツナなどで、みなよく似た四弁の花である。

野菜は花が咲く前に収穫してしまうので、普通目にする菜の花は、たいていの場合、開花後種から油を採るために栽培されているアブラナであることが多い。

アブラナはヨーロッパ原産、日本では、江戸時代より行灯《あんどん》などの油のために栽培されてきた。明治時代にセイヨウアブラナが使われ出し、今はほとんどこちらに替わっているようだが、アブラナの名はそのままである。

写真の花は植物園の花壇に植えられていたものだが、種子の出自は不明で、結局種名は分からなかった。

節分草 セツブンソウ

キンポウゲ科セツブンソウ属●埼玉県秩父市

二月半ば、我が家の庭の一角が騒然となる。カエル合戦が始まったのである。

夏の夜、飛んでくる虫を待って、芝生の上でじっと身動きせずにいるカエルがいる。近くに大きな池があるわけでもないのに、夏になると現れる。どこでオタマジャクシとなり、かえっているのか、子供の頃からの謎だった。

数年前、ふと思い付いて、庭にあるスイレン鉢のひとつを縁が地面から十センチほどになるように埋め込んでみた。すると、その年の二月、なま暖かい風が吹いたある夜、スイレン鉢の水面を動くものがいて、見ると五、六匹のガマガエルが寒中水泳をしていたのである。実際には、一匹の雌ガエルを巡っての壮絶な雄ガエル同士の戦いだったのだが…。そして、小さなスイレン鉢は見事カエルの卵でいっぱいとなった。

今では夏の夜に庭を見回ると、小さいものから大きいものまで、二十匹は簡単に見つかる。つまり、小さな水場さえあれば、カエルにとって子孫の繁殖はたやすいらしい。長年の疑問はこうしてあっけなく解けたのである。

そして、ちょうどゲコゲコというカエルの声が夜中に聞こえ出すと、このセツブンソウのことが気になり出す。セツブンソウは、春の花の中でも最も早く咲く花なのである。まだ周辺に雪の残るこの時期、茎の高さ十センチ、直径二センチほどの透明感ある花を咲かせる。早春の林を、朽ちた落ち葉を踏みしめながらこの花を探して歩くのは、私の楽しい年中行事でもある。

三角草

ミスミソウ

キンポウゲ科ミスミソウ属●山梨県身延町

冬の間なまってしまった撮影の勘を取り戻すため、春になると、まず野山を歩く。山や木々や花たちが次々に冬から目覚めてゆく。これを数回重ねると、ようやく植物たちがよく見えるようになってくる。心と体が周囲になじんできたのである。次は、肝心の技を取り戻さなければならない。しかし、これがなかなか簡単にはいかない。

早春の雑木林を歩くと、足元の枯れ葉の間から、フデリンドウやタチツボスミレ、シュンランなどが可愛い花をのぞかせている。田んぼや畦道にはカントウタンポポやキランソウ、コオニタビラコやタネツケバナなどが咲き始めている。みんな十センチ足らずの丈の、小さな花ばかりである。

このように、春の花は小さいものが多い。よく見れば美しいのだが、目立たない。始動の第一歩は、こんな地味な被写体を撮ることから始まるのだ。ところが、小さく、地味なものは撮るのが難しい。いきなり難度の高い課題を与えられるというわけである。

しかし、いい面もある。春先は咲いているものが比較的少ないので、一つのものにたっぷりと時間をかけられる。練習にはもってこいだ。このミスミソウを撮ったときも、まだ冬の気配の残る雑木林の斜面には、寒さに強いミスミソウだけが咲いていた。歩き回っていい株を探し、さまざまな角度からじっくりと撮影することができた。

そして、そうこうするうち、春は進み、野山は花盛りとなって、今度は撮影に追われる日々となるのである。

福寿草

フクジュソウ

花の写真を撮るとき、「新鮮な被写体（花）を選ぶ」というのは、絶対にはずせないポイントだ。

簡単じゃないか、と言われそうだが、これが花の種類によっては案外難しい。例えば、桜のように短期間で一気に咲くものなどは、八分咲き頃をねらえば新鮮な花が撮れる。しかし、フクジュソウのように、一カ月近くも咲いている花は、いつでも撮ることができそうで、かえって撮影チャンスを逃してしまうこともある。何しろ、葉が出る前から花を開かせ、葉がわさわさと茂っても、なおずるずると咲き続けるのである。

また、咲き始めでなくとも、その花が一番美しく、輝いて見えるときも「新鮮な被写体」となる。それがどういう状態の時か見極めるには、日頃から、咲き始めから実になるまでをよく観察するしかない。

この花だけを撮りに、藤原岳に何度か通った。晴れるのを待って一日に二度登ったこともある。この花は、太陽が当たらないと開かないのである。花粉を運ぶ虫たちは暖かな日を選んで飛んでくる。花たちはそれぞれに工夫をこらして虫を誘うが、フクジュソウの場合は、光沢のある花びらを大きく広げ、陽光をいっぱい受けられるようにしている。光を集めた花の中は暖かく、虫たちが寄ってくる。日が陰って寒くなると、中心にある雄しべや雌しべを寒さから守るために、花びらを閉じるのである。

フクジュソウは日本の特産種。野生のフクジュソウは、今や絶滅危惧種である。

キンポウゲ科フクジュソウ属◉三重県藤原岳

ジンチョウゲ科ミツマタ属●神奈川県鎌倉市

三椏・三叉

ミツマタ

春一番に咲く花のひとつ。外側に白い毛が密生した筒状の花は、内側のレモンイエローとの取り合わせがなかなかすてきだ。こんな青空がよく似合う。

大好きな花なのだが、いざ撮影するとなるとこれが難しい。名前のように枝が規則正しく三つまたに分かれ、翌年その先に伸びた枝も三つまたに分かれ、そのまた翌年伸びた枝も三つまたに、というように次々と枝を伸ばしていく。その先端にてんでんばらばらに花を咲かせるため、ピントの合わせどころに困るのである。それでも、この花に何度も挑戦するのは、この季節、他に撮るべき花が少ないのでじっくり時間をかけられるからである。

原産地は中国からヒマラヤにかけて。日本には室町時代に和紙の原料として渡来したという。繊維が丈夫で栽培にも適していたため定着し、紙幣の原料としても利用されている。

辛夷 コブシ

［別名／ヤマアララギ、コブシハジカミ］

モクレン科モクレン属●神奈川県鎌倉市

　開花の早い年は三月上旬、まだ冬枯れの雑木林に、純白のコブシの花が咲き始める。北国では五、六月、雪の残る山肌を白く染めていく。同じ頃オオヤマザクラのピンク色の花も咲いて、その淡いコントラストが美しい。毎年、大好きなこの花を指標として、季節の進み具合を確かめるのである。

　好きな花の例にもれず、撮影は苦手だ。特にアップがなかなかうまくいかない。遠目では、木いっぱいににぎやかに咲いているように見えても、近寄ると案外ばらばらに咲いている。その上、いい香りに誘われた鳥たちについばまれ、寒さで霜にやられ、花びらはさんざんなありさま。それでもどうにか撮ってみれば、思い入れが強い分だけ、採点が辛くなる。

　名前は秋に赤く実る集合果が握り拳に似ていることから。「辛《しん》夷《い》」は中国の別の植物の名前で、似ていることから誤用された。

幣辛夷

［別名／ヒメコブシ］

シデコブシ

シデコブシの花は、折りたたんだ紙がほどけていくような咲き方をする。そして、新鮮な花ほどこの折り目はシャープである。以前から幣辛夷の「幣」の意味が気になっていたので調べてみたら、御幣《ごへい》あるいは幣《ぬさ》といって、神事に使う玉串やしめ縄に付けられる、白い紙をジグザグに切った飾りのことをいうと分かった。なるほど、うまく名付けたものだ。

　植物写真家としての私を動かす原動力のひとつが、「まだ見たことのない植物をぜひとも見てみたい」というもの。シデコブシは公園や庭に植えられたものは見たことがあるが、自生しているのは見たことがなかった。植栽されているものでもいいじゃないかと言われそうだが、「見たい」には、譲れない条件がある。自然の状態、つまり、自生地に生えているものでないといけない。植物だけでなく、その植物が生育している環境ごと見たいのである。そして、その場所に身を置くと、初めて、記録（撮影）したいという気持ちが湧いてくる。

　そんな訳で、このシデコブシは、念願叶って自生地で撮影したもの。シデコブシの分布域はごく狭く、開花期も三月下旬から四月上旬と短い。写真家の知人に詳しい情報をもらい、三、四カ所の自生地を訪ねた。開花期もぴったりだったが、出来はごらんの通りいまひとつ。初めて出合った植物を前にすると、時に、見たいという好奇心が勝ってしまい、撮影がうまくいかないことがある。いつかまた再挑戦、という宿題を残した。

モクレン科モクレン属●愛知県渥美半島

大犬の陰囊

オオイヌノフグリ

ゴマノハグサ科クワガタソウ属●東京都町田市

「いぬふぐり星のまたたく如くなり」とは、高浜虚子の句である。早春、まだ冬枯れの野原一面に、目の覚めるようなコバルトブルーの花を咲かせる。なのにこの名前。いったい誰が付けたのか、いぬふぐりは犬のこう丸の意味、言われてみれば二つ並んだ丸みを帯びた実の形は確かに似てなくはないが。

もともと日本に自生するイヌノフグリは、花の径が三〜四ミリと小さくて、色も紅紫色で目立たない。虚子が詠んだのはこのオオイヌノフグリのことだと思われる。

オオイヌノフグリはヨーロッパ原産の帰化植物で、明治の初めに入ってくるや日本全土に広がった。イヌノフグリはいつのまにか少なくなり、今ではとうとう「レッドリスト」に載せられるほどの希少植物になってしまった。

写真の花が咲いていたのは、収穫が終わった後のホウレンソウ畑。十メートル四方を埋め尽くすように咲いていた。遠目からも一角がコバルトブルーに見えるほどだった。

たっぷりと時間をかけて探し、切り取ったのがこの一枚。レンズを向けてみると、コハコベ、ヒメオドリコソウ、ホトケノザなどの帰化植物たちが混じっていてにぎやかだった。

破れ傘

ヤブレガサ

キク科ヤブレガサ属●東京都高尾山

なんともユーモラスな姿だが、これはヤブレガサの若芽。早春の雑木林を歩いていたら、あちこちでにょきにょきと顔を出していた。名の由来は見ての通り。

十数年前の山菜ブームの後見かけなくなったが、最近、写真のような群生によく出合う。この若芽を摘み取ってさっと茹で、おひたしにするとおいしい、と本では紹介されているが、綿毛は口にさわるし、味も香りもいまひとつでおいしいものではない。山菜採りが趣味の人たちも、ようやく学習したらしい。

花が咲く夏は、雑木林はすっかり緑におおわれ、林床は薄暗い。ヤブレガサの葉は直径四十センチもの大きさに育ち、一メートル近く伸びた花茎の先に白っぽい地味な花を咲かせる。この時期やぶ蚊は多いし、じめじめとした場所も苦手なせいか、春の写真は山ほどあるのに、困ったことに、まともな花の写真がない。

撮影ワンポイント 春先の花たちは、丈が低く小さなものが多く、その上、地味で目立たないので、撮影に苦労させられることが多い。この時もさんざん地べたに這いつくばっての撮影が続き、首筋の痛みが限界に近かった。そんな時に出合ったのがこの株。急な斜面に生えていたため、空を入れたカットを難なく撮ることができた。

土筆　ツクシ──❶

トクサ科トクサ属●東京都町田市

プロだからといって、いつでも思うような写真が撮れるわけではない。私の場合、春先はどうも調子が悪い。冬の間、シャッターを押さないでいるうちに、写真が下手になってしまうようだ。

例えば、春になって、しまい込んでいたカメラを持ち出し、一枚の写真を撮ろうとする。その時、花を前にしばし戸惑ってしまうのである。「どのくらい近付いたらいいのだろうか?」「シャッタースピードは?」「絞り値は?」「背景のボケ具合は?」「発色は?」「風は吹いていないか?」「レンズ選択は間違っていないか?」そして、「構図は?」などなど。こうして、普段の二、三倍の時間をかけてシャッターを押すと、フィルムが入っていなかった!なんていうことまである。基本の約束事すら、忘れていたりするのである。

思うように撮れない理由はそれだけではない。「ごく普通に自然の中にいる」のが、私にはとても大事なことなのだが、この時期にはそれが難しい。例えば樹林に入ってみると、しばらくぶりだからか、どこか居心地が悪い。そこにいることが当たり前のようにならないと、私には写真は撮れないのである。

ということで、体と心を慣らすために、初春の野山歩きはとても重要だ。まず、郊外の田んぼの縁や雑木林など、ごくごくやさしいハイキングコースを選んで歩き回る。

このツクシは、レンズをたった一本持って出かけた、そんな試運転ともいうべき散策中に出合った。日当たりの良い場所で、初々しく立っていた。

土筆

ツクシ——❷

トクサ科トクサ属●新潟県糸魚川市

植物に興味をもち始めた頃、野草類の図鑑にツクシの項目が見つからず、不思議に思ったことがある。そのうちに、ツクシは分類学的には胞子で増えるシダ植物の仲間で、種子植物ではないと分かった。

正式名はスギナ。根が長く地下を這い、胞子茎のツクシと栄養茎のスギナの二種類の茎を出す。緑色の方がスギナで、スギの葉によく似ているので、スギナと名付けられたという。

ツクシの頭の部分は成熟すると胞子をまき散らし、やがて枯れる。摘むなら、胞子嚢《ほうしのう》が開いていない、堅いものがいい。山菜にしては特に主張のない味だが、しゃきしゃきとした歯触りと季節感を楽しめる。

写真は畑の一角。およそ十メートル四方がツクシで埋め尽くされ見事だった。壮観だなぁ、と思うと同時に、侵略者の不気味さを感じた。

撮影ワンポイント 畑一面をおおうばかりの群生は見事ではあるが、いざ撮影となると案外難しい。なるべく広がりを表現したいため、低い位置からカメラをかまえる。しかしそうするとワイド系のレンズが必要になり、必然的に遠くの株はごく小さくなる。そんな時の秘密兵器が、アオリの効くTS－90という魔法のレンズ。

花猫の目　ハナネコノメ

ユキノシタ科ネコノメソウ属●東京都高尾山

植物の名前には動物名の入ったものが案外多い。例えばイヌノフグリやヘビイチゴやキツネノボタン、カラスノエンドウ、スズメノエンドウなど。

植物を初めて見て、同時にその名前を初めて聞いて、すぐに覚えられるのはよほどの頭脳の持ち主、たいていは三歩歩いたところで忘れてしまう。しかしその植物の特徴と名前をセットにすると覚えやすい。

ネコノメソウは、はじけた実の形が猫の瞳孔のように見える、ということからの命名らしい。花の状態から猫を想像するのは難しいが、ストーリーがあれば見る目も違ってくる。ハナと付くのは、地味なものが多いネコノメソウの仲間としては目立つ花を咲かせるからだ。

背景に光っているのは小さな川のせせらぎ。春は水辺からやってくる。

諸葛菜 ショカツサイ

アブラナ科オオアラセイトウ属◉東京都杉並区

［別名／オオアラセイトウ、ムラサキハナナ、ハナダイコン］

原稿の締め切りが近付くと、外のことが気になって仕方ない。穏やかな陽気に誘われて、自転車で少し遠出してみた。

初めて通った細い路地に、ショカツサイがたくさん咲いていた。道路と柵の間の、わずかに土の残った隙間に根を下ろしている。どこから養分を得ているのか、新鮮で元気がいい。

数年前、我が家の裏手に大群落が出現したことがある。ピンク色で周辺が明るくなるほどだった。ところが次の年はまったく姿を現さない。花の後、強靱な繁殖力を恐れて家人がすべて抜き取ってしまったのか、あるいは、引き時を知っているということなのか。理由は分からないが、大群生した植物が翌年は消滅、というのには時々出合う。

中国原産の帰化植物。名前の由来は、中国の三国時代に、諸葛孔明が食用として奨励したことから、といわれている。

浜大根 ハマダイコン

アブラナ科ダイコン属●愛知県渥美半島

春なのに暑い一日だった。日が傾いたので休もうと、国道脇の海岸へ下りてみた。浜辺の片隅では、咲き始めたばかりのハマダイコンの花が、昼の太陽から解放されて生気を取り戻し、みずみずしい姿を見せていた。海は凪《な》ぎ、わずかに岸に打ち寄せる波の音だけが聞こえた。

あまりいい条件の光線とは思えなかったが、試しに数枚シャッターを押してみた。その中の一枚。かえって柔らかで透明な光を感じさせる写真になった。

ハマダイコンは日本全国の砂地に生える。もともとは畑の大根が野生化したといわれている。砂から根を掘り起こしてみたことが何度かあるが、どれも太さは二、三センチほどでひょろりと長かった。食べてみると、これがとんでもなく辛い。ロゼット葉や新葉は山菜とされているが、海辺の山菜のご多分にもれず、堅い上にあくも強い。

油瀝青 アブラチャン

クスノキ科シロモジ属●東京都高尾山

［別名／ムラダチ、ズサ、チシャ］

　イラストレーターのM氏と山を歩いていた時のこと。この木の名前を聞かれて「アブラチャン」と答えると、子供のように目を丸くして驚かれ、その反応にこちらの方がびっくりしたことがある。

　しかし、彼が思わず言った「変な名前」は実際植物名にはよくある。このアブラチャンについては私も気になって調べてあった。植物名の由来を記した本によれば、アブラは油、チャンは瀝青《れきせい》（コールタールから揮発成分を蒸留した後の残りカス）とあり、果実、樹皮などから灯り用の油を採ったことからきているという。

　早春の雑木林で、他の木々に先立って開花するため、淡い黄色の小さい花にもかかわらず、とても目立つ。開花期がほぼ同じで、よく似たダンコウバイの花は真っ黄色。比べるとアブラチャンの花は青みを帯びて透明感がある。好きな花のひとつである。

大島桜

オオシマザクラ

バラ科サクラ属●静岡県伊豆半島

オオシマザクラは、他の桜に先駆けて春一番に花を開かせる。花びらの色は白っぽいというより、むしろ純白に近い。

　咲き始めの新鮮な花を撮りたくて西伊豆へ出かけたが、雑木林はまだ冬から抜け出しておらず、白い花は灰色の木々の中ではほとんど目立たなかった。それが海岸線へ向かうと、照葉樹林の濃い緑の中にくっきりと浮き立って見えた。やがて目が慣れると、山肌のあちこちに大きな群生があるのに気付いた。

　オオシマザクラは、三浦半島、房総半島南部、伊豆半島、そして、名前の由来となった大島を含む伊豆諸島だけに自生している。

　海を背に立つ桜には野趣があるが、これが純粋に野生かどうかは分からない。桜は交雑しやすいし、かつては薪炭《しんたん》用としてたくさん栽培されており、それが野生化した、という説もある。

黄華鬘

キケマン

ケシ科キケマン属●静岡県松崎町

キケマンのキは黄色、では、ケマンの語源は、と調べてみると、「華鬘は寺院の仏殿内を飾る装飾品」で、仏像の首にかけたり、壁などにぶら下げるきんきらした飾り物らしい。花がその形に似ているというのが由来らしいが、その飾りを思い浮かべることができないので、なんとも実感がない。同じケシ科で、ケマンソウというピンク色の派手な園芸品種があるが、多分、こちらの花からの連想ではないかと思う。

ケマンの名の付く他の野生種には、紫色の花が咲くムラサキケマン、山地に生える黄色い花のミヤマキケマンなどがある。

キケマンは、関東以西から沖縄までの海沿いに生える。そんなにたくさん花を咲かせるわけではないので、見たことのある人は、案外少ないかもしれない。

この写真は、咲き始めたばかりの一番花。

サクラソウ科ルリハコベ属●鹿児島県種子島

瑠璃繁蔞

ルリハコベ

これと類似の色をした花は国内にはない。だからか、この欄担当のF氏は写真を見て、「本当にきれいな色」と、すぐに反応した。私の師匠、故冨成忠夫は写真家であると同時に画家でもあったが、ルリハコベを、「花の色では最高の美しさで、目の覚めるようなルリ色」と表現した。

師匠と一緒に長崎県の平戸島で初めて見た私は、確かに美しい色だが、どこか日本の花の色ではない、との印象をもった。調べると、世界の熱帯地域に広く分布し、帰化植物との説もあり、なんとなく納得したものだった。

ルリを冠する植物は、ルリソウやルリトラノオなど他にもあるが、どれも少し赤みがかった青色である。

青紫、赤紫、群青色などは、以前は印刷所泣かせの色で、原版と同じ色を出すのが難しかった。今回の瑠璃色はどうだろうか。

撮影ワンポイント フィルム時代、美しい瑠璃色のこの花の発色には苦労させられた。そしてデジタルになり、色は現像次第でどのようにも加工できるようになった。だからといって、モニター上での色と、それが紙に印刷されたものが同じに仕上がるという保証はない。これだけ印刷技術が進歩しても、自然の色合いの再現はまだまだである。

野朝顔

ノアサガオ

ヒルガオ科サツマイモ属◉鹿児島県奄美大島

春一番に出かける先は、いつもは近くの野山と決まっているのだが、気分を変えて奄美大島へ飛んでみた。久しぶりの南国は、まだ三月だというのに、もうすでに初夏の気候だった。東京近辺では五、六月に咲くトベラやゴンズイ、スダジイなどの花が、枝先で満開となっていた。

アマミエビネやヒカゲヘゴを撮るため山中に入ってみたのだが、落ち着かない。出かける前に、この辺りに詳しい友人から、「ハブに気を付けて」と注意されていたのだ。やぶを分けて歩くと、足元の草ががさがさするだけでびくっとする。薄暗い谷筋はよけいに気持ちが悪い。ハブは木の枝からも飛びかかるという。目的の植物を撮り終えると、早々に退散した。

山から下りる道はどこも海へ通じている。海岸へ出るとホッとした。高曇りの柔らかな日差しの下、コバルトブルーの海は穏やかだ。その後の二、三日間、ほとんどを海のそばで過ごした。

ノアサガオは海辺のあちこちで咲いていた。本州の伊豆半島以西と、四国、九州、沖縄に分布する。アサガオよりも日差しに強く、日中でも咲いている。花は直径十センチほどで上品な薄紫色、茎は丈夫で長く伸び、繁殖力も強い。沖縄では田畑まで侵入してくるので嫌われているという。

南へ行くほど開花期間は長く、三月頃から十二月頃まで咲いている。アサガオといえば夏の代表花のように思っていたが、所変われば秋、冬にも咲いているのである。春を探しに南の島へ、というアイディアは初めから間違っていたようだ。

佐多草

サダソウ

コショウ科サダソウ属●鹿児島県奄美大島

担当のS氏が今号の写真に選んだのはこのサダソウ。候補に提示しておいてなんだが、こんな地味な花を選ぶとは予想外だった。

棒のように伸びた部分は花穂で、粒状の小さな花がびっしりと付いている。今まさに開花している状態である。多肉質で、丈は十〜三十センチ。鹿児島県の佐多《さた》岬で発見されたことから「佐多草」の名前が付いたという。

この花に初めて出合えたのは、二十年前の沖縄本島北部。やや興奮しながら撮影したのを覚えている。

以来、二度目に見ることができたのが写真の株で、七年前のことである。奄美大島の林道を迷いに迷い、ようやく海辺へ出たところで、隆起石灰岩の岩場に咲いていた。実は確認を怠っているのだが、九州南部から沖縄諸島にかけて、葉や茎に毛の生えていないケナシサダソウがあり、もしかしたらこれはそちらの方かもしれない。

撮影ワンポイント 撮影に苦労する話はよく書いているが、サダソウはたやすい例の代表格だ。生えているのは岩場で、ほぼ目線の高さにある。しっかりとした植物体でほとんど風に揺れることがない。何より、背景が岩壁なので、シンプルな構図がとれる。難点は、一面の群生に出合ったりすると、どこを選んでも絵になるので、やたらにシャッターを押してしまうことだろうか。

岩大戟

イワタイゲキ

トウダイグサ科トウダイグサ属●静岡県伊東市

風当たりの強い海際で、岩場のわずかな隙間にねじ込むように根を下ろし、咲いている。わざわざこんな所を選ぶなんて、どう見てもへそ曲がりで共感してしまう。海が荒れれば、海水をまともにかぶる。それでも、高さ四、五十センチほどの株を、太い茎で支え、立っている。

　植物が生きていくには、どう考えても劣悪としか思えないこんな環境を、なぜ選んだのだろう。三月にこの岩場を歩き回ると、この花だけが点々と小さな固まりをつくり、目立っている。他の種類の花は見当たらない。他の植物との共存を嫌って、こういう場所を選んだのか、あるいは陣地争いに敗れて、落ち延びてきたのか。あれこれ勝手に想像してみるが、実際は、ただ偶然ここに根を下ろしてみただけかもしれない。そうしたら、年月を重ねるうちに適応力がついてしまったのだろう。この写真のように、勢いよく、すくすくと育っている様子を見るとそう思う。

　この花に限らず、また日本だけに限らず、植物が生きるには過酷としか思えない環境に生えているものはよくある。多くは他の植物と混在することはなく、単独である。例えば、高山の、岩と砂ばかりの場所に生えるコマクサ、海岸の塩水の中に生えるアッケシソウなどがあげられる。

　イワタイゲキは、関東より西の暖かい地方に生える。タイゲキの名は、同じトウダイグサ属の中国産の植物の現地名からきている。中国の「大戟」は根や根皮を干したものが、漢方薬として利用されているという。

春蘭　シュンラン

［別名／ホクロ、ジジババ］

ラン科シュンラン属●埼玉県東松山市

好きな花は？と聞かれることがある。こうあらためて問われると返事に困るのだが、このシュンランなど、あげてもいいかもしれない。

例年、仕事始めは足慣らしを兼ねて早春の雑木林を歩く。この時期は、ヤマザクラの花芽がわずかに色付いているだけで、他の木々はまだ冬姿のままだ。枯れ葉を踏みしめながら、目は林床にこの花を探す。見覚えのあるコナラの根元に、いつものように咲いているのを確かめると安心する。

私が植物の写真を撮り始めた頃は、雑木林を歩けばごく普通に見られたのだが、いつのまにか雑木林が減り、それとともにシュンランも減ってしまった。

ランの仲間としては一見地味だが、近付いてよく見るとすてきな色合いと形をしているのが分かる。わずかに芳香もある。さまざまな呼び名があり、なぜか「ジジババ」の別名もある。

菫

スミレ

スミレ科スミレ属●東京都杉並区

スミレの仲間は多く、日本だけでも、変種まで含めると百種近くある。その中で、「スミレ」という名前をもっているのは、このスミレだけである。ちなみにタンポポも種類が多いが「タンポポ」という名のタンポポはない。

ある時、我が家の庭の片隅に突然現れ、みるみる増えて芝生と石段の間に紫色の列をなすほどになった。写真のスミレである。それがここのところ春になってもあまり見かけない。ツマグロヒョウモンという、スミレの仲間を食草《しょくそう》としているチョウの幼虫が、根こそぎ葉っぱを食べてしまっているらしい。今では、やってきたときと同じように、目に付きにくい場所でひっそりと花を咲かせている。

語源は大工さんの使う墨入れ（墨壺）。台尻の部分が丸くなっているところがスミレの花の距《きょ》（しっぽのような部分）に似ているということから名付けられた。

関東蒲公英

カントウタンポポ

キク科タンポポ属●栃木県佐野市

タンポポ、音の響きが面白い。語源はなんだろうと調べてみたら、諸説ありすぎるほどだった。中で、私が納得できるのは以下の二説。まず、綿毛の果実の形がタンポ（綿を布でくるみ丸めたもので、拓本などに使う）に似ていることからタンポ穂というもの。次に、昔、子供がタンポポの花茎で鼓の形をつくって遊んだことから付けられた名前に鼓草《つづみぐさ》というのがあって、鼓をタンポンポンとたたく音からタンポポとなったというものである。

和名の蒲公英については解釈が複雑すぎてここでは書ききれない。いろいろ出てくるのはそれほど親しまれた植物という証だろう。

カントウタンポポは、関東地方や中部地方東部に分布する在来のタンポポ。しかし、最近関東周辺で見かけるのは帰化植物のセイヨウタンポポであることが多い。花の付け根の総苞片《そうほうへん》の形の違いで見分ける。

西洋蒲公英

セイヨウタンポポ

キク科タンポポ属●東京都新宿御苑

桜の散るさまを、なんとか一枚の写真にしたいと思っている。それも、青空ではなく、ぼんやりとした春霞の中を薄桃色の花びらが舞うというような。絵柄が頭の中に出来上がっているせいか、毎年試みてはいるのだが、難しい。

北風が強く吹いた朝、その一週間前に満開のソメイヨシノを撮影した場所へ出かけた。薄曇りの空は理想的な色をしている。目を開けられないほどの桜吹雪。だがやはり、思ったように撮ることはできなかった。

あきらめて帰りかけたとき、落下した桜の花びらの中に埋もれるように咲くセイヨウタンポポを見つけた。早春に咲くタンポポの花はこのように花茎が短く、初々しい。この被写体に出合えたことで、気落ちした気持ちを少し紛らわすことができた。

二つのタンポポの間に咲いている小さな黄色い花はヘビイチゴ。

山桜

ヤマザクラ

バラ科サクラ属●埼玉県嵐山町

春、ヤマザクラの様子を確かめに、雑木林を訪ね歩く。そんなある日の帰り道、写真のヤマザクラに初めて出合った。

雑木林の中で、桜がこういうふうに立っていることは珍しい。普通は他の雑木たちに囲まれて窮屈そうにしているものだ。周辺の木が切り倒されたときも残されたのだろうか。周りの木よりぬきんでて大きかった。

桜の前は田んぼなので、どの角度からも自由に撮影できる。行き止まりの道が一本通っているだけで静かだった。気に入った場所、気に入った木がまた一つ増えた。今度はゆっくりと来ようと思った。

ヤマザクラは、日本の南半部の低山帯に分布する野生の桜である。樹皮は桜の皮の茶筒などに使われる。花が咲くと同時に紅紫色を帯びた若葉を出す。花と葉の色の取り合わせがなんともいえずおしゃれである。

雑木林新緑

東京都町田市

じっとしていられないのは木の芽時だからなのか、この季節になると、確かな目的があるわけではないのだが、なんとなく野山へ足が向く。そして、慌ただしく動き回る。もちろん、もれなく重いカメラ機材付きである。動き回っていながらもなお気がせく。目の前に展開する光景が逃げてしまいそうな気がするから。何しろ、本当に美しい新緑の季節は驚くほど短いのだ。

この日、雑木林は最高のコンディションだった。コブシやヤマザクラの花は五分咲きで、林床にはノジスミレやシュンランの花。クヌギやイヌシデ、コナラなどの梢に、芽吹いたばかりの若葉がまぶしかった。

動き疲れて枯れ葉の上に寝ころんだのはよいが、真上に一幅の絵。弁当を広げる時間も惜しく、おにぎりをほおばりながらシャッターを押した。

多摩の寒葵

タマノカンアオイ

ウマノスズクサ科カンアオイ属●東京都町田市

青々とした厚手の葉に守られるように、積もった枯れ葉の間から個性的な顔を出す。もともとこの仲間の花は、どれも変わった姿をしているのだが、タマノカンアオイの花の形は特に奇妙だ。萼《がく》筒《とう》内の中心部が波打つようにギザギザしている。これは受粉のための、この花の知恵なのである。

タマノカンアオイの花粉を媒介するのは、本来はキノコに産卵するキノコバエ。萼筒の内側のギザギザをキノコのひだと勘違いして、卵を産んでしまう。その際、花の中で動き回るので、体に花粉が付き、それが花柱へ運ばれるというわけである。このギザギザは、キノコバエを誘うためのキノコへの擬態ではないかといわれている。

カンアオイ属の仲間は、数枚の葉の根元にたった一個の花を咲かせる（写真は二株）。花弁のように見えるのは実は萼片で、本当の花弁は、ないか、あっても棒状の退化したものである。

関東地方の一部に分布し、東京の多摩丘陵で発見されたことから、この名前があるが、宅地開発などによって多くは自生地を奪われ、絶滅危惧植物になってしまった。それなのに、この奇妙な姿が愛されるのか、珍重されるのか、案外マニアも多く、盗掘されることが多いのは残念だ。

この写真は、東京郊外の雑木林の一角で撮ったもの。ほとんど人と会うことのない、とっておきの秘密の場所だ。自然を色濃く残し、五月の連休頃には、ここのところめっきり減ってしまったキンランの花なども見ることができる。こういった雑木林自体が年々減ってきてしまっている。

甘菜

アマナ

ユリ科アマナ属●新潟県佐渡島

　この写真は昨春（二〇〇六年）、佐渡で撮った。この頃、佐渡は知る人ぞ知る花の島としても人気が出て、多くの植物愛好家が訪れるようになっていた。私が初めて佐渡に行った二十数年前は、花目当ての観光客はほとんどいなかったのだが。

　今では、早朝車で東京をたつと昼前には佐渡の港へ着くが、当時は佐渡に着くまでかなり時間がかかった。日記によると、なんと三日もかかっている。しかし、いくらなんでもそんなにはかからないはずといろいろと思い出していくうち、途中あちこち寄り道した記憶がよみがえってきた。

　三国《みくに》峠では、残雪の山の斜面にオオヤマザクラの花が咲き始めていた。旧山古志《やまこし》村では、ツクシやオオバキスミレが大群生をつくっていた。あちこちでいろいろな花と出合い、そのたびに車を止めては、北国の春を満喫してずるずると北上していった。新潟市に着いたときは、もう佐渡へは行かずに戻ろうかと思ったほどだ。

　佐渡島は予想を超える花々であふれていた。撮影するものが多く、時間を惜しんで車中で寝泊まりした。雑木林や谷筋ではカタクリ、キクザキイチゲ、オオミスミソウ、エンレイソウ、シラネアオイが群生して、足を踏み入れる所もないほどのお花畑となっていた。何より人の気配を感じないのが気に入った。このアマナは、その時以来、お気に入りとなった場所に咲いていた。

　アマナの花は直径三、四センチ、日が当たらないと花弁が開かない。地中の鱗茎は甘みがあるため、この名前が付いたという。

走野老 ハシリドコロ

［別名／キチガイイモ、キチガイナスビ］

ナス科ハシリドコロ属●長野県軽井沢町

外側がチョコレート色で中が黄色、長さは二センチほどの、可愛らしい、なかなかおしゃれな花である。ところがこの花、根や葉などに副交感神経を麻痺させる毒がある。誤食すると、幻覚や視力障害などさまざまな症状を起こす。中毒した人が錯乱状態となって走り回ることから、ハシリドコロの名前が付いたという。トコロは根を意味。

分布域は本州から九州までと広く、山地の沢筋など、湿り気のある場所によく生える。山菜採りの人がフキノトウと間違えて採って食べ、中毒した例などが報告されているが、新芽は紫がかった色をしているはずだから、なぜ間違えるのか不思議だった。ところが、ある時、雪の下から押しつぶされたような形で顔を出している新芽を見て驚いた。黄色くて、柔らかそうで、フキノトウそっくりだったのである。

有毒植物はまた、薬用植物として利用されることもあり、特にこのナス科の植物には多い。ハシリドコロもさまざまに利用されている。

有毒成分はトリカブトと同じアルカロイド。根は横に張って大きく育つ。その根茎を乾燥させて、生薬のロート根とし、胃腸薬に配合されるロートエキスの原料とする。

新芽が成長すると青々とした大きな葉を広げる。群生することが多いので、みずみずしい野菜のようで、これもつい採ってしまいそうだ。ハシリドコロにしてみれば、このおいしそうな姿ゆえ、野生動物に食べられないよう、毒をもって自衛したのだろうか。本当に植物の生態には謎が多い。

蕗の薹

フキノトウ

キク科フキ属◉新潟県妙高市

四一頁のアマナに比べれば、フキノトウは誰もが知っているなじみ深い山菜といえる。春になれば、山間部や田んぼ、野原など、割合どこでも目にすることができるし、採取もしやすい。

フキは雌雄異株《しゆういしゆ》、雄株と雌株がある。写真は雄花。しかし、ここまで開いていては、山菜としては育ちすぎだ。私が採るのは、雪解けの頃の苞《ほう》に包まれたもの。できればまだ雪の下に隠れているものがいい。雪につぶされて、ぺちゃんこでもかまわない。こういうのは生でも食べられる。

どの山菜でもいえるが、採った後は時間がたつほどあくが出る。おいしく食べるには、採ってからすぐがよい。そして、生えている場所も重要だ。例えばこの写真、田んぼの畦道に生えていたものだが、農薬や除草剤がまかれている可能性がある。採るなら人けがない山間部に限る。

撮影ワンポイント 田んぼの畦道や畑の隅など、人里近い場所での撮影は、いまひとつ落ち着かない。農作業でもしていれば、一言ことわって入ればいいのだが、誰もいないとよけい周囲が気になってしまう。どちらにしても、春先の土盛りした畦道などは気を付けて歩かないと、踏み崩してしまうので注意が必要。

大山桜 オオヤマザクラ

［別名／ベニヤマザクラ、エゾヤマザクラ］

桜といえば、さぞかし種類がいっぱいあって大変でしょう、とよく言われるが、野生種に関してはそれほどではない。意外に思われるかもしれないが、実はたったの十種類である。変種、雑種を加えてもせいぜい三十数種。それでも、同じような時期に花が咲くので、開花を追いかけて飛び回ることになり、忙しいことこの上ない。

ちなみに誰もが知っているお花見のソメイヨシノは、江戸末期に人為的につくり出された品種、つまり園芸種である。園芸種の方は三百五十から四百種と種類が多い。しかし、本当のことをいえば、桜に限らず、私は園芸種を撮るのが苦手である。チューリップやソメイヨシノに罪はないが、そもそも咲いている場所が気に入らない。できることなら、人混みや人工的な場所での撮影はしたくないのである。そこで、どうしてもオオヤマザクラのような野生種に肩入れしてしまうこととなる。

桜の撮影は、花が一番美しいときに、そこに居合わせることができるかどうか、にかかっている。本当に美しいのは二、三日しかない。この写真を撮ったときは、まさにオオヤマザクラが一番いい状態の時。佐渡の山の中、どこへ出かけても、どの山肌へカメラを向けても絵になった。

オオヤマザクラの花の色は、ヤマザクラより紅色が濃い。そこで、ベニヤマザクラとも呼ばれている。日本列島を大きく南北に分けると、ヤマザクラは南に、オオヤマザクラは北を中心に分布している。

バラ科サクラ属●新潟県佐渡島

奥丁字桜

オクチョウジザクラ

バラ科サクラ属●新潟県長岡市（旧山古志村）

テレビの天気予報で、桜の開花情報を伝えている。よく考えると少し変だが、それほど「桜」は、日本人の生活に密着しているということだろう。季節になれば、身近なあちらこちらで、桜の花が満開となり、公園や学校、川堤や城址、街路で、桜の花があふれかえる。そのほとんどがソメイヨシノという品種である。江戸時代末期に植木屋さんがつくった園芸種といわれている。

日本の山野には、大きく分けて十種、変種、雑種まで含めると三十数種ほどの野生の桜が分布している。

写真のオクチョウジザクラは、新潟県長岡市（旧山古志《やまこし》村）の山間部に咲いた野生種。中越地震の二年前の春だった。まだ冬の気配が濃厚に残る林の中で、この花だけがぽつぽつと咲いているのが、とても印象的だった。

オクチョウジザクラは、東北地方から富山県にかけての日本海側に多く見られ、花の径は一・五から二センチほどの可愛らしい桜である。

山吹

ヤマブキ

バラ科ヤマブキ属●東京都高尾山

幼い頃、縁日の夜店によく連れて行ってもらった。

いろいろ並べられたおもちゃの中で、私が大好きだったのが、細い竹筒を切り、色とりどりに塗られた竹鉄砲だった。筒の両端に、これも赤や緑に染められた弾を詰め、片側から棒で勢いをつけて押すと、ポンッと小気味の良い音がして弾が飛び出す仕掛けである。

この弾として使われたのが、ヤマブキの茎の、白いスポンジ状の芯なのである。

買ってもらった弾はすぐになくなり、庭に植わっていたヤマブキを切っては、せっせと弾づくりに励んだ。

そんなことや、ヤマブキがドブのそばに生えていたことなどは、やけにはっきりと覚えているのに、不思議と花の記憶がないのである。鉄砲遊びに夢中になっていたのは、花の時期ではなかったのだろうか。

木通 アケビ

アケビ科アケビ属●埼玉県川越市

暮らしに役立つ植物のことを有用植物というが、このアケビの有用度は並はずれている。

まず、春先につんつんと伸びる新芽は、ほどよい苦みのある一級の山菜である。

秋にはおなじみ紫色の実が熟す。中には甘くておいしい白い果肉が隠れている。

また、アケビのつるで編んだかごは、少々高価だが丈夫で美しい工芸品として人気がある。

さらには、つるの太い部分を輪切りにして乾燥したものを木通《もくつう》といい、利尿、消炎、通経に効用があるとして、和漢薬に用いられる。

こんなにたくさんの利用価値があっては、とっくに採り尽くされてなくなっていそうだが、日本国中あまり場所を選ばず生えていて、よほど強靭な生命力をもっているとみえる。

その上、花も愛らしい。左が雌花、右が雄花である。

白花半鐘蔓

シロバナハンショウヅル

キンポウゲ科センニンソウ属●静岡県伊東市

ふと窓の外に目をやると、白い花が木にぶら下がるように咲いているのが見えた。裏の空き地に出て確かめてみると、このシロバナハンショウヅルだった。朝の柔らかい光を逆光で使い、背景のボケを計算しながら撮影した。

純白の花弁に見える部分は植物学上、正しくは萼片《がくへん》。つる性植物で、他のものに巻き付く。センニンソウ属の中でも、鐘状の花を咲かせるこの仲間が私は大好きだ。植物好きの知人から開花情報が入れば、たいていは、かなりな遠方でもすぐに出かけていく。ところがシロバナハンショウヅルはそう珍しい種類でもないのに、これまで一度しか見たことがなかった。幸運な二度目の出合いだった。

伊豆にある友人の別荘、ゆっくりするために、時々滞在させてもらうのだが、周辺は植物の宝庫でもある。この時もまた、早朝から仕事をしてしまった。

大三角草

オオミスミソウ

キンポウゲ科ミスミソウ属◉新潟県佐渡島

久しぶりの佐渡島だった。佐渡島はいくつかある気に入った撮影地のひとつ。しばらく行かなかったら、気になって仕方なくなり、点検するような気分で訪れたのである。

撮影したのは佐渡山中のいわば人知れぬ秘密の場所。開花期のタイミングが合えば、春の花々で織りなす見事なお花畑が展開する。この時も、オオミスミソウのそばで、フクジュソウやキクザキイチゲ、カタクリなどが花を咲かせていた。

オオミスミソウの花の色は、これ以外にも、白から赤、ピンク、紫、青などあって、個体によって変化が大きい。それらが混生すると、まるで宝石をまき散らしたようである。

写真家としては、このような場所をみんなに見せてあげたいという気持ちと、人に知られては大変だという心配とが、せめぎ合っているのである。

片栗

カタクリ

ユリ科カタクリ属●新潟県糸魚川市

春の林床に咲く二輪の花、どう見えるだろう。恋人、姉妹、親子…。植物を擬人化することはめったにないが、この時は何か感じるものがあり、右の花茎を一センチほど押して寄り添わせてみた。

どちらも新鮮な花を咲かせている。特に左の株は今年初めて花を付けたと思われ、右の花よりやや小さめなのが初々しい。

カタクリは発芽から二年目に一枚の葉を付け、七年あまりかけて二枚になる。そして、葉が二枚になったとき、ようやく花を咲かせるのである。多年草としての寿命は十五年以上という。

開花期は落葉樹林が新緑となるまでの一〜二週間。木々の葉が一斉に開くと、林床への日光はさえぎられ、夏頃にはカタクリの姿は跡形もない。木々の芽吹き前の短い間に太陽の光を吸収して光合成し、養分を蓄えたカタクリは、次の開花まで地下でじっと待つのである。

野漆 ノウルシ

トウダイグサ科トウダイグサ属●茨城県常総市

撮影したのは四季折々足が向く河川敷。このノウルシが咲く四月上旬から中旬にかけての季節は、弁当持参でピクニック気分を楽しむ。春の日差しは強く、シャツ一枚でも汗ばむほどだ。

河川敷の一角を占めるクヌギ林は、輝くような新緑となり、焦げた野焼きの跡には、アマナの白い花や、紫色の小さなジロボウエンゴサクの花などが咲いている。

ゆったりと流れる川面を眺めながら土手を歩いていると、そこここが黄色くなっている。ノウルシの群生地だ。ある時、群生地がそっくり移動していることがあって驚かされた。河川近くのこのような場所は、氾濫するたびに地形が変化し、富栄養化するので、植物が移動するのも不思議ではないのである。

ノウルシを傷つけると白い乳液が出る。触れるとかぶれるので、この名前が付いたという。

座禅草 ザゼンソウ

サトイモ科ザゼンソウ属●長野県白馬村

［別名／ダルマソウ］

世界のとんでもない植物たちを訪ね歩いた本を上梓し、写真展も一段落した。そこでザゼンソウの原稿依頼があるとは。偶然とはいえ、巡り合わせだろうか。

ザゼンソウは、純白の花を咲かせるミズバショウを一回り小さくしたような形をしている。しかし、花の色が尋常ではない。暗紫褐色はお世辞にも美しいとはいえず、不気味な雰囲気さえ漂わせる。おまけに、近寄ると悪臭もする。日本に生える異形な植物の代表格といえよう。担当編集者のTさんが、「なんですか、これは?」と反応したのも無理はない。

写真は小川が流れる雑木林の中。長靴を履いてずぶずぶと湿地帯を歩き、ようやくこのアングルを確保した。暗紫褐色の部分は仏炎苞《ぶつえんほう》と呼ばれる器官で、中心部に咲く黄色い花が、岩穴で僧侶が座禅を組んでいる姿に似ているところからの命名という。

耳型天南星

ミミガタテンナンショウ

サトイモ科テンナンショウ属●東京都高尾山

前に、撮影は単独行に限る、と書いたことがあるが、例外もある。

例えば、高尾山の植物に詳しいAさんを中心とした植物観察グループ。このグループに同行した場合などは、撮影に何の支障もない。そればかりか、かえって助けられることもある。メンバーは四十、五十代の主婦ばかり七、八人なのだが、その植物に関する知識が並ではない。各々が得意分野をもち、ちょっとした学者集団といってもいいくらいだ。何しろ、みんな、まるで歩く植物図鑑みたいだから、私が苦手なイネ科、カヤツリグサ科の植物についてなど教えてもらえる。その上、たくさんの確かな目で探すから、被写体として見事な株や、珍しい植物なども簡単に見つかる。そして、何よりも各自が自然との触れあい方をよく知っていて、心から楽しんでいるのがいい。一緒に撮影していても、気にならないのである。

写真は、春先にタカオスミレの観察で高尾山に行ったときのもの。複数の目がやぶの中でヒカゲスミレ、エイザンスミレ、ミヤマカタバミなどの新鮮な株を見つけ、それぞれの花を楽しんでいる間、私はこの花にねらいを定め、じっくりと撮影した。

撮影ワンポイント 仏炎苞《ぶつえんほう》の模様に魅せられ、思い切り近付いて、逆光気味にねらった。透過光での撮影は露出値によって発色が微妙になるため、シャッタースピードの値を細かく変え、何枚も撮る必要がある。背景の選択も難しく、こうしたカットをねらうには時間と気持ちの余裕が必要。

雪餅草

ユキモチソウ

サトイモ科テンナンショウ属●高知県馬路村

この花を美しいと思うか、不気味と思うかは見る人によって分かれるだろう。私が最初に見たのは栽培品だったが、なんとすてきな花だろうと思った。そして野生のものをぜひ見たいと思った。

出合いはすぐにやってきた。四国の山を歩いていて、沢筋に咲いているのを見つけたのである。先の丸い棍棒状の白い部分（付属体）を、ぐるりとえんじ色の苞が包み込み、内側は粉を吹いたような微妙な緑色。自然の中では、いっそう妖しく魅力的だった。この苞は仏炎苞といい、葉が変形したものである。花は付属体の下部に咲いていて、外から見ることはできない。

他に同じテンナンショウ属の仲間に、マムシグサ、ムサシアブミ、ウラシマソウなどがあるが、ユキモチソウ同様、みな個性豊かな姿をしている。テンナンショウ属は雌雄異株《しゆういしゅ》、つまり雄株と雌株がある。若い株は始め雄花を咲かせ、雄株として花粉をつくる。しかし、成長して大きくなると雌花を咲かせて実を結ばせる。つまり雌株へと性転換するのである。なぜだろうか。

子を産み育てるのが大変なのは動物に限ったことではない。植物にとっても種子をつくるにはエネルギーがいる。そこで、小さいうちは雄として花粉をばらまき、体が十分に大きくなって体力がついたところで、実を結ぶ子育てに専念する雌に変わるというわけである。

高さは三十〜五十センチ。近年、マニアの盗掘で絶滅危惧種に指定されるほど減ってしまった。名前は中央の付属体が白い餅に似ていることから。

千本槍

［別名／ムラサキタンポポ］

センボンヤリ

キク科センボンヤリ属●岡山県高梁市

春は撮影していて腰や首が痛くなることがある。例えば、雑木林に咲いているこのセンボンヤリ。小さい花に、五〜十センチほどのひょろりとした茎。この植物の情報を、ワンカットの中に撮り込もうとすると、真上からでは花か葉のどちらかにしかピントが合わず、両方にピントを合わせるには、真横から撮るしかない。

地べたすれすれにレンズをセットし、あごを枯れ葉に埋めながらファインダーをのぞく。こうすると背景が遠くなって、花が浮き立って見える。早春に咲く花は小さいものが多いので、こんなことを繰り返しているうち、腰も首もおかしくなってくるというわけである。

センボンヤリは、秋にも花を咲かせる。つぼみが開花しない閉鎖花で、長さ三十〜五十センチほどの花茎が槍のようにたくさん突き出る。もちろん千本も立てないが、これが名前の由来という。

独活

ウド

ウコギ科タラノキ属◉新潟県糸魚川市

今にも土砂崩れが起きそうな急斜面に、鮮やかな緑色のウドが若芽を数本立てている。登るのを躊躇するほどの角度なので、採られずに残っているのである。

二、三十センチほどの食べ頃を見つけると、危険をかえりみず這い上がる。土の中には五センチくらい茎が埋まっている。根元をちょっと残して切り取ると、その場で下の部分の皮をナイフではがし、かぶりつく。サクッとした歯ごたえの後に、口中に爽やかで野性味あふれる香りが広がる。

採ってから時間がたつと、山菜特有のえぐみが出てくる。マイルドな栽培品にはない、採りたてならではの味である。春先、雪国の山を歩く私の楽しみのひとつでもある。

成長すると二メートルほどの高さになり、夏が終わる頃、黄緑色の花を穂状に咲かせる。

大和草
ヤマトグサ

ヤマトグサ科ヤマトグサ属●神奈川県南足柄市

写真を見て、花の大きさが分かるだろうか？高さが二十センチに満たない小さな植物だと思ってもらえたら、撮影者としてはうれしい。

これがヤマトグサと分かる人は、かなりの植物通に違いない。私は、こういった、あまり人の目に触れることのない、あるいは、地味なせいで見落としがちな花は、できるだけその大きさが分かるよう撮影するのを心がけている。

というのは、私自身、植物の写真を撮り始めた頃、図鑑と首っ引きで四苦八苦した経験があるからだ。ようやく名前と形態が一致しても、実物を見て、こんなにも小さかったのかと、驚くことが多かった。図鑑の写真からは、ほとんどのものが実際の二、三倍の大きさと思えたのである。

このヤマトグサもそうだった。咲いていると聞いた所をいくら探しても見つからず、右往左往したあげく、やっと一株見つけたのは、何度も素通りした場所だった。想像していたよりずっと小さかった。大きさが分かると、後は面白いように、いくつも見つかった。

ヤマトグサは「大和草」と書く。高知県で初めて採集され、牧野富太郎博士が名付けた日本の特産種である。白くぶら下がっているのが雄花で、長さは一センチ足らず、雌花は葉の付け根にあり、小さくてほとんど目立たない。

この花は風媒花といって、風によって花粉が雌しべに運ばれる植物である。だから、雄花はほんのちょっとした風でもことさら揺れる。撮影には、止まるのをじっと待つ気の長さも必要なのである。

踊子草

オドリコソウ

シソ科オドリコソウ属●東京都新宿御苑

写真を撮ったのは新宿御苑。都心にありながら、緑にあふれた広大で静かな公園である。桜の季節や休日にはたくさんの人が訪れるが、普段の日は驚くほど人が少ない。そして、公園内にはなぜか、どのようなときでもほとんど人が来ない不思議な一角がある。

例年ならこの時期、そこにはショカツサイの花が群生している。満開の八重桜を見た帰り際、少し遠回りをして様子を見に行った。ショカツサイは咲いていたが、すでに最盛期は過ぎてしまっていた。仕方なく、さらにやぶの奥へと入り込んでみると、思いがけず、オドリコソウの花が大群生していた。

茎に輪状に花を付けるオドリコソウは下から順々に咲き上がっていく。まだ一番下が開いたばかりで愛らしかった。花冠は長さ三センチほど。この花の形が花笠をかぶった踊子のようだというのが名前の由来である。

撮影ワンポイント 淡いピンク色の花は、とてもすてきな色合いで、それが一面に咲いていると、咲き始めとはいえ、かなり華やかなお花畑といった感じだ。初め、その広い範囲全体を撮り込んでみようと思ったが、いまひとつうまくいかない。そこで、発想を変え、思いっきりアップでねらってみた。あえて陰の部分に注目し、柔らかな光線で撮ってみたら、どこかはかなさも感じさせるこの花の雰囲気がよく出たカットができた。背景を曖昧にするため、絞り値はほとんど開放値に近い。

蚤の衾　ノミノフスマ

ナデシコ科ハコベ属●栃木県佐野市

フィルムロッカーを整理していると、片隅から小さな箱が出てきた。なんなのかまったく記憶がない。開けてみると数枚の作品が入っていた。何かのプレゼン用だったようだ。

その中にあった6×6サイズのこの写真を見ていたら、二十年前の心地良い春の一日を思い出した。うららかな陽気に誘われて、一面に広がるレンゲ畑で撮影した日。

畑の一角に、春の花たちが咲いている場所があった。白いノミノフスマが地を敷き詰めるように咲き、スズメノテッポウがつんつんと立ち上がっている。レンゲの花、ハハコグサの黄色い花や赤いキツネアザミも咲いていた。畦道では、ムラサキサギゴケ、オオジシバリ、ウマノアシガタなども満開だった。忘れっぽい私も、シャッターを押した場面だけは、脳にしっかりと記憶されるらしい。柔らかな光や空気のにおいまで思い出した。

車輪梅 シャリンバイ

バラ科シャリンバイ属◉宮崎県日向市

［別名／タチシャリンバイ］

阿蘇からの帰り、夜の道を走るのがいやで、国道沿いにある日向《ひゅうが》市内のホテルに投宿した。

翌朝目覚めると、思いがけず部屋の前には、のどかな海が広がっている。窓から眺めているだけでは我慢できず、朝食を浜で取ることにした。

ホテル前の小さな入り江には、二人連れの釣り人がいて、大きなアオリイカを釣り上げたところだった。歓声の上がった方向を見ると、その先の岩場に白い花が点々と見える。たくさんのシャリンバイの花がちょうど満開だった。

この花はもともと南方系の常緑低木で、海岸線によく見られる。関東では伊豆半島に多いが、これほど華やかな咲き方は見たことがない。

結局午前中をこの浜で費やすことになり、その日の予定も大幅に狂ってしまった。赤いのは紅葉した葉、左上の黄色みを帯びた花はトベラである。

ラン科アツモリソウ属●高知県佐川町

熊谷草

クマガイソウ

初めてクマガイソウを見たのは、三十年ほど前。東京都高尾山の薄暗い杉林の中に群生していた。どの花も同じ方向を向き、等間隔に並んでいるようでおかしかったのを覚えている。

クマガイソウは、野山に自生する植物の中でも、最も派手で目立つ花のひとつにあげられるだろう。その頃すでに、愛好家によって掘り採られることはあったようだが、当時はまだ、山野草が商売を目的に、根こそぎ持ち去られるということはなかった。それ以降も何回か、偶然この花に出合うことがあった。それは、人けのない深山というよりは、杉林のような人工林や、竹やぶの中など、人の手の入った場所であった。きっとこの花は、そういった環境を好むのだろう。

しかし、そのうち、出合うことがぱったりと途絶えてしまった。それが昨年の四月、高知県へ撮影に行った際、案内してくださったHさんが、群生地が新たに見つかったことを教えてくれたのである。ちょうど見頃ということで、さっそく同行させていただいた。二十数年ぶりの再会だった。

林道から少し離れた場所に、辺りをおおい尽くすがごときおびただしい数のクマガイソウが、初めて見たときのような格好で咲いていた。数百株はあろうかという見事な群生だった。

私たち以外には、誰もいなかった。ゆっくりと撮影すればいいものを、私はなぜか気がせいて落ち着かなかった。人に知られたくない。盗掘されたくない。そこそこの時間で撮影を切り上げ、その場をさっさと離れたのだった。

翁草

オキナグサ

キンポウゲ科オキナグサ属◉熊本県阿蘇市

全草白い毛におおわれた花は、黄色いしべとえんじ色の花弁（正しくは萼片《がくへん》）の取り合わせがいい。掘り盗られることも多く、今では絶滅危惧種に指定されている。これは咲き始めたばかり、花茎が伸びて葉が開く前の一番美しい姿だ。

十年ほど前、阿蘇に住む知人から群生地の情報をいただいた。案内されて行った場所は、なんと牧場。実は、ヒマラヤの山中でヤク（牛の仲間）に追いかけられて以来、牛が苦手なのである。それでも仕方なく、こわごわと鉄条網をくぐって牧場内に入ると、案の定集まってきた。牛たちの興味津々の視線におびえながら、ようやくシャッターを押したのがこのカット。

春先の阿蘇は花にあふれ、キスミレやサクラソウなども、あちこちで群落をつくっていた。

オキナグサが牧場に多く見られるのは、牛たちが毒草と知っていて食べずにいるからである。

撮影ワンポイント 筒状だったり、下向きに咲く花は、草本、木本《もくほん》にかかわらず、撮影には難儀させられる。しべの形状や色合いなど、下からのぞき込まないと見えないからだ。この花はしべの黄色とえんじ色の花弁の色合いがすてきで、なんとしてでも中を見せたい花の筆頭にあげられる。カメラを地べたに付けて撮影。

雪椿

ユキツバキ

ツバキ科ツバキ属●新潟県妙高市

ユキツバキを見て、亡くなった私の師匠、冨成忠夫との春山登山を思い出した。

一九七一年五月十八日、富山県僧ヶ岳の中腹。師匠は五十一歳、助手二年目の私は二十四歳。ツバキの図鑑のため、アップ写真の撮影が続いており、少々疲れ気味の二人にとって、気晴らしも兼ねた撮影山行だった。

尾根筋にはまだ雪がいっぱい残っていた。ユキツバキの木はあちこちにあったが、花付きが悪い。しかし、咲き始めたばかりの花の赤い色は、初めて見た私の頭にしっかりとインプットされた。あまりの天気の良さに「コントラストがつきすぎる」と言いながら撮影していた師匠の姿が思い浮かぶ。

助手になったとき、私はほとんど植物のことを知らなかった。そんな私に、名前も知らずにシャッターを押すべきではないと、師匠は根気よく名前や特徴などを教えてくれた。私はそれを手帳に書きとめ、図鑑で確かめては覚えていった。その時の天候や、植物を取り巻く周囲の様子とあわせると、不思議と初めて見る植物の名前も特徴も簡単に覚えることができた。

助手をしていた五、六年の間、師匠はかなりの冊数の図鑑の仕事を抱えていた。ついて歩くうち、どれほどの数の植物に出合ったのか、いつのまにか、知らない植物はほとんどなくなっていた。

ユキツバキは、本州の東北から北陸地方にかけての日本海側に分布する。色はヤブツバキによく似ているが、花びらが不規則に平開しているのが野性味にあふれている。

千島桜

チシマザクラ

バラ科サクラ属●北海道根室市

地の果て、といったら北海道の人に怒られるだろうか。しかし、こうして国後島《くなしりとう》を間近に見ながら人っ子一人いない海岸で撮影をしていると、つくづく実感することである。

オホーツクの海を渡ってきた風は、五月というのに身を切るように冷たい。前の日、小さな漁港の脇で、偶然チシマザクラの大木を見つけた。それは北風をまともに受け続けたせいか、丈が低く、枝という枝が這いつくばるように風下に向かって伸び、異形ともいえる姿をしていた。

ありったけのものを身に着け、木を前に半日粘ってみたが、空は灰色のまま。時折、空に穴があき、うっすらと青い色がのぞくが、すぐに隠れてしまう。海はあくまで暗く鉛色に沈んでいる。何よりすごいのは風の強さだ。しっかり立てた三脚さえ倒れてしまいそうになる。

桜の真上を一羽のカラスが通過しようとしていた。羽を破れんばかりにいっぱいに広げ、必死で飛翔している様子は、こちらにまで伝わってくるが、風にあおられ、上空の同じ位置にいつまでもとどまっている。それがまるで静止しているようにも見えて印象的だった。

翌朝再び訪れると、海は凪《な》いでいたが色は変わらず、低い雲が垂れ込めていた。小一時間ほど待っていると空が明るくなった。ふと後方を振り向くと、小高い丘に元気よく天に向かって枝を伸ばした若木のチシマザクラが、青空を背に三分咲きの花を見せていた。

雪柳 ユキヤナギ

［別名／コゴメバナ］

バラ科シモツケ属◉埼玉県飯能市

ある時、植物学者と話をしていて、ユキヤナギが園芸種と聞いて驚いたことがある。それまで野生種とばかり思っていたからだ。私はこの写真のような状況で咲いているのに他にも遭遇しているが、植物学者はそういうのを見たことがないらしかった。

しかし、調べてみると栽培品が野生化したとする説もあり、真偽の程は定かでない。これほど庭木、公園樹としてあちこちに植えられ、よく知られている木もないのだが、野生の状態で見ることができる場所はそう多くなく、見たのは今までに三カ所ほどである。

この時は、飯能《はんのう》市の山間部を流れる名栗川に沿った道を車で走っていて、対岸に白い帯状に咲いている花を見つけ、川を挟んで撮影した。

水がかぶりそうな川岸の岩場で、岩の割れ目にようやく根を這わせるような場所に生育する。

皐月 サツキ―❶

ツツジ科ツツジ属◉和歌山県古座川町

［別名／サツキツツジ］

撮影地を選ぶ条件のひとつに、「人けのないところ」というのがある。年を経るごとにその重要性はどんどん高くなり、最近では、どんな植物が生えているかという以前に、まず静かで居心地の良い場所を選び、その周辺に咲くものを撮影する、という傾向になってきている。

紀伊半島の南端を流れる古座川流域は、そんな条件にぴったりの場所だ。川沿いには変化に富んだ豊かな自然が残っており、歩いているだけで楽しい。

その川岸にサツキが咲くと、友人のUから聞いて、さっそく出かけていった。写真家の彼はこの周辺の川に惚れ込んで南紀に移り住み、水辺を中心とした自然を撮り続けている。彼の案内で、川の上流から下流まで、さまざまな場所で撮影した。サツキは園芸種がよく知られているが、原種を見る機会はそんなに多くない。

皐月 サツキ―❷

［別名／サツキツツジ］

ツツジ科ツツジ属●愛知県新城市

この写真は、二十年以上前に撮ったものである。昔のことを詳細に覚えている方ではないのだが、ずっと前に撮った写真でも、じっと見ていると、当時の撮影地の様子や出会った人々、起こった出来事などが、断片的だが鮮明な映像を伴ってよみがえることがよくある。

この日は、愛知県新城《しんしろ》市在住のT先生からサツキが咲いている河原の場所を教えていただき、撮りに出かけたのだった。ところが目的地への道はものすごい悪路で、とうとうタイヤがパンクしてしまった。小一時間かけてタイヤ交換をすませ、汗をぬぐっていると、脇のやぶにカザグルマの白い花が咲いているのに気付いた。目的地の河原に着くと、サツキはちょうど満開で、川岸のあちこちを赤く染めていた。帰り道、橋の上でひと休みしていると、岩場にシランの花が群生しているのを見つけた。それぞれ一番の見頃だったように思う。大収穫の一日だった。

一つ思い出すと、後は連鎖的に次々と情景が浮かんでくる。そうなるともう一度行ってみたくなり、以前は出かけたりもしたのだが、最近はあまり行くこともなくなってしまった。そうでなくとも、二十年の歳月はあまりに長い。悪路も今では舗装され、環境が変わって、同じ条件下で同じ花が咲いているとは思えない。

奥三河の植物ならなんでもご存じだったT先生も、十年ほど前に亡くなられた。以来その周辺へは一度も訪れていない。

三葉躑躅

ミツバツツジ

ツツジ科ツツジ属●埼玉県ときがわ町

セツブンソウ、シュンラン、ヤマザクラ、そしてこのミツバツツジ。春の花が咲き始めたと聞くと、必ず出かけていくフィールドがいくつかある。いずれも、私が住んでいる東京都内から車で一時間ほどの、いわゆる都市近郊といわれる場所。雑木林や谷戸《やと》がモザイク状に散らばり、際どいバランスで手付かずの自然が残っている。山ともいえず、町ともいえない。

一時間というのは、気軽にちょっと出かけてみようか、という気分になる距離だ。そんな近くに静かで気持ちのいい場所があるのである。繰り返し行くのは、もしや開発などされてはいないかと、点検に行くような意味もある。

ミツバツツジの仲間は、細かく分けると十種以上ある。どれもよく似ていて、見分けるポイントは分布域としべの様子。ミツバツツジは雄しべが少なく、五本しかないので、数えてみればすぐ分かる。

撮影ワンポイント ミツバツツジなど、花後に葉が出てくるこの仲間は満開になると、枝を埋め尽くさんばかりに多くの花を付ける。たくさん咲いているので、撮影しやすいのではと考えがちだが、実はそうでもない。全面ピンク色の単調な画面になりがちだ。そこで空が抜けているアングルをねらってみた。

春

ツツジ科ツツジ属●高知県香南市

黐躑躅・餅躑躅

モチツツジ

モチツツジの花に触れると、ネバネバしたものが手に付く。花柄《かへい》や萼《がく》などに、粘液を出す腺毛が生えているからである。鳥黐《とりもち》のように、寄ってきた虫がくっついてしまうほど粘るため、この名前が付けられたという。

日本にはツツジの仲間が五十二種ほど自生している。どれも同じように見えるのだが、それぞれの分布域が割合に狭いので、生えている場所から推測すれば、見分けるのはそう難しくない。

モチツツジが生えるのは、本州の静岡県から岡山県までと、四国だけである。この写真を撮ったのは四月下旬。他にオンツツジ、フジツツジ、ウンゼンツツジなどが、満開の季節を迎えていて、四国の山の一角は大にぎわいだった。

花が大きく、淡い紅紫色も品がいい。だからか、平安時代には栽培が始まり、これまで数多くの園芸品種もつくられている。

紫八染

［別名／ミヤマツツジ］

ムラサキヤシオ

ツツジ科ツツジ属●長野県大町市

アジサイに雨が似合うように、花にはそれぞれ似合う天候がある。同じように、一日のうちにその花の美しさが際立つ時間帯があるように思う。

ムラサキヤシオの花は、曇り空の下、早朝がいい。名前に付けられるほど印象的な花の色は、この条件下で最も生き生きとした表情を見せる。これが晴天のしかも昼間だと、どこか元気のない花に写ってしまう。

この一枝は友人たちと持つ山小屋の庭に咲いていたもの。朝食前の散歩を兼ねた一仕事。花びらに付いた朝露が、朝の肌寒さを思い出させてくれる。

ムラサキヤシオは、ツツジ科の仲間では割合標高の高い場所に生える。開花期は雑木林が新緑の季節を迎える頃。若々しいもえぎ色の中に、品よく華やかな色を添える。この時は、所々にムシカリの白い花も咲いていた。

曙躑躅

アケボノツツジ

ツツジ科ツツジ属●奈良県大台ヶ原

今はデジタルカメラしか使っていないが、長年フィルムカメラを使ってきた世代の写真家としては、デジタルカメラに移行するのは簡単ではなかった。

このカットを撮影した五～六年前はちょうど、試行錯誤しながら、両方のカメラを併用していた時期だった。しかし、山歩きに二つのシステムを持つのは重いし無駄で、この時はデジタルカメラだけを持っていった。

デジタルでは帰ってから、撮ったデータの現像や加工を自分でしないといけない。この花はピンクの色合いが非常に微妙で、間違えると、プラスチック製の造花を思わせる安っぽい色合いになってしまう。慎重に現像し、背景の新緑とあわせ、見たときのままの柔らかい調子に仕上げてみた。

アケボノツツジは、本州（紀伊半島）、四国に分布し、葉が開く前に開花する。

桜草

サクラソウ

サクラソウ科サクラソウ属●青森県八戸市

サクラソウは現在（二〇〇五年）、絶滅危惧Ⅱ類（絶滅の危険が増大している種）にランクされている。私もそうたくさんは見ていない。

二十年ほど前のこと、青森県八戸の海岸、アシの茂る湿原に赤いものが見え隠れする。確かめに行くと、この花が二十メートル四方にわたって点々と咲いていた。思わず我を忘れて撮影し、足元は泥だらけになってしまった。

十年後、今度はしっかり長靴を用意して再訪した。花の株は半分ほどに減っていた。

そして三年前、友人に咲いている場所を教えたところ、ただのアシ原と化していたという。

実はこの植物、野焼きの跡などに群生することが多い。つまり、人の手の入った場所の方が、群落を維持しやすいのだ。八戸の群生地は、アシを刈るか、焼くことをしなくなったため、絶滅したものと思われる。まったく「自然保護」は難しい。

蝦夷大桜草 エゾオオサクラソウ

サクラソウ科サクラソウ属◉北海道釧路市郊外

五月中旬、釧路郊外の林に入ってみると、足元は残雪でいっぱいだった。木々はまだ芽吹いていなかったが、雪解けの早い沢筋を歩くと、このエゾオオサクラソウが咲いているのに出合った。

二〇〇七年に出版した『新 日本の桜』（山と溪谷社）の撮影で、日本全国、南から北へ、北上する野生の桜の開花を追いかけた。最も早い開花が一月下旬、沖縄のリュウキュウカンヒザクラ。そして最後が、五月中旬に開花する、北海道根室半島に咲くチシマザクラだった。

海辺で見たチシマザクラは、寒風にさらされて丈が低く、枝を水平に伸ばして、五分咲きの花を咲かせていた。撮影が終わり、二、三日、道東を回ろうと思い付いたのである。

エゾオオサクラソウは、本州中部の亜高山帯に見られるオオサクラソウの変種で、よく似ているが、こちらは葉柄や花茎に毛が多い。

春

雪割小桜 ユキワリコザクラ――❶

サクラソウ科サクラソウ属◉北海道根室市

五月半ば、根室のチシマザクラを撮るため北海道へ出かけた。次々に咲いていく野生の桜を追いかけて北上し、日本で一番遅く開花する桜、チシマザクラにようやくたどり着いたのである。この年の桜シーズンの締めくくりであった。

撮影二日目の昼前、ついにすべての桜の撮影が終わった。解放感からか突然空腹を覚えた。静かな場所で海でも眺めながらのんびりと昼飯を食べ、ついでに昼寝でもしよう、と思った。

少し車を走らせてぴったりの場所を見つけた。心地良い風の吹くササ原を、浜辺まで十分ほど歩いた。少し迷ったが、カメラは車の中に置き、弁当だけを手に。

浜辺へ出ると、やっぱりというか、カメラを残すときにふと感じたいやな予感が当たったという か、海へ向かって垂直に落ち込んだ絶壁にユキワリコザクラが大群生していた。

カメラを取りに車へ戻り、撮影を終えたのはそれから二時間後、結局昼食は慌ただしく詰め込むことになった。

雪割小桜

ユキワリコザクラ――❷

サクラソウ科サクラソウ属◉北海道根室市

植物写真家である私は、外出するときは町中以外は常にカメラを持ち歩くようにしている。被写体は至る所にあるからである。散歩の途中の道端に咲くタンポポや、自宅の玄関先のスミレでも時には立派な被写体となりうる。

だからといって、何でもかんでもむやみに撮りまくるわけではもちろんない。撮りたくないものは撮らないし、撮りたくないときは撮らない。これがいいことなのか、悪いことなのか、私には分からないが、それが三十年この仕事を続けてこられた一つの秘訣だとは思う。

そんなことを言っても、このユキワリコザクラと出合ったときは、カメラを車に置いてきてしまったわけで、取りに戻らなければ、この写真もこうして日の目を見ることはなかった。あのとき弁当をゆっくり食べられなかったことなどたいしたことではない。

空知小桜

ソラチコザクラ

サクラソウ科サクラソウ属◉北海道日高地方

日本に自生するサクラソウの仲間は、変種まで含めると三十種近い。どの種類も可憐で美しく、その上、草原、岩場、海辺などの、花が引き立つようなロケーションのいい場所に咲いている。

それぞれ棲み分けていて分布域は狭く、個体数も少ないことが多い。盗掘の標的にされれば、あっという間に生育地から姿を消してしまう。今では半数以上が絶滅危惧種に指定されている。このソラチコザクラも、北海道のごく限られた地域でしか見られず、絶滅危惧種である。

北海道在住の友人の案内で初めて見たのは二十数年前。垂直の絶壁をおおわんばかりに群生していた。

十年後に一人で同じ所を訪れてみた。数が減ってはいたが、見応えある群生はそのままだった。それからだいぶたったので、そろそろまた見に行こうかと思っている。

ミツガシワ科ミツガシワ属◉長野県白馬村

三柏・三槲

ミツガシワ

植物を撮っている写真家として、その花が一番輝いているときを撮りたい、といつも思っている。しかしそれは、一瞬ともいえるほど短いことが多い。

このミツガシワの場合は、写真のように咲き始めがとりわけ美しい。花は下から次々と咲き上っていくため、開花期間は一カ月ほどの長期にわたるのだが、見頃といえるのはほんのいっときである。咲き進むにつれ、葉は大きく展開し、花茎も負けじと丈を伸ばす。上段の花が咲く頃には、なんとも間の抜けた姿になってしまうのである。

水辺に群生するのを見ても、咲き始めの頃は隣との間を微妙に空けて涼しげに咲いている。こんな姿には風情さえ感じられるのだが、成長するに従って、水面が見えなくなるほど葉が繁茂して、こうなると暑苦しいことはなはだしい。

ミツガシワは低山から亜高山帯の池や沼に生える。名前は茎の先に三枚付いている葉がカシワ(柏)の葉に似ているから、というが、どうだろう。確かによく育った葉は草というより木の葉のようなたくましさを感じるが…。水中をのぞき込んでみると、太くて丈夫な茎が縦横無尽に走り、その繁殖力の強さが分かる。

撮影した親海《およみ》湿原では、五月中旬、どの花よりも早く湿原を群生で彩る。五月下旬から六月にかけては、サワオグルマ、カキツバタ、トキソウ、ヤナギトラノオなどの花が順々に咲いていく。

春紫苑

ハルジオン——❶

キク科ムカシヨモギ属◉長野県松川村

小学校三年の春、父の転勤で高知市へ引っ越した。東京育ちの私は、知らない土地へ移り住む不安でいっぱいだったが、それは学校へ通い出して一週間もたたないうちにきれいに消え去った。新しい同級生たちは、東京からきた者が珍しかったのか、転校したその日から毎日、次から次へ、とっておきの遊び場へと案内してくれたのである。

小学校の裏手からすぐ田園風景が広がっていた。フナやメダカが泳ぐ小川が流れ、田んぼや小さなため池にはミズカマキリ、タイコウチ、ゲンゴロウなど、今まで図鑑でしか見たことのなかった水生昆虫たちが蠢《うごめ》いていた。アシが密生する沼地では、トンボ捕りやヒシの実採りをし、水門の上からはフナやナマズ、ウナギなどがバケツ一杯も釣れた。

それまで住んでいた東京の杉並辺りにもそれなりの自然は残っており、野原で遊ぶのが日課となっていた昆虫少年だったが、スケールは地球と宇宙ほど違い、自然が大好きな子供にとっては夢のような世界だった。

そして、どこへ遊びに行くのにも行き帰りは必ず畦道を通るのだった。当時の私には畦道に咲く植物についての記憶はない。きっと写真のようなハルジオンやムラサキサギゴケ、レンゲなどがいくらでも咲いていたのだろう。

今でも田んぼにはよく行く。もちろん畦に咲く植物を撮るためだ。ついでに水の中をのぞくのは習性になっているが、農薬で汚染されたのか生き物らしい生き物はもう見つからないのである。

春紫苑　ハルジオン──❷

キク科ムカシヨモギ属◉長野県松川村

この写真は、なんてことのない写真に見えると思う。実際、なんてこともない写真である。

見慣れたものは実は見えにくい。見慣れているため、見えるはずのものを見過ごしてしまうからである。この、見えないものを見せることができたら、つまり、写真にすることができたら、と思うのだが、これが難しい。

写真は、のんびりとした田園風景の中に見つけたハルジオンの群落である。遠くの山々には春霞がかかり、柔らかな光が、咲き始めたばかりの初々しいハルジオンを、いっそうやさしげに見せていた。誘われるように近くに寄った。その場にいる心地良さから、かけすぎるほどの時間をかけて撮影した。

このような天気のときは、偏光フィルターを使うとよりクリアな写真になると、撮影ガイド本では勧めている。しかし私は、この曖昧さが好きで、めったなことではフィルター類は使わない。

レンズを換え、さまざまな角度からねらって撮影し終えた後、ふと、真ん中に自分が立っているような感じで一枚撮ってみた。

現像してみると、一番気に入ったのがこの最後の写真だった。意図的にシャッターを押したどのカットよりも、その時の空気が写っていたのである。撮ったときには、そんなことは思ってもいなかったのだが。

しかし、見る人にとっては「なんでもない写真」であることには間違いない。それはそれでいいのである。

水芭蕉　ミズバショウ

サトイモ科ミズバショウ属◉長野県奥裾花自然園

花にあまり興味がない人や、詳しくない人でも、この花のことは知っているかもしれない。花が咲く季節になると、電車の中吊り広告や旅行の案内などで、よく見かけるからだ。アップからロングまでさまざまな写真が使われる。有名な花のひとつといって間違いないだろう。

そんな花が、この連載（『婦人公論』）でまだ登場してないと気付いて、ちょっとびっくりした。別に避けていたわけではないのだが、ポピュラーすぎて存在感がなくなってしまったということだろうか。

小さくて目立たない花を撮る場合、工夫が必要だが、こういう露出度の高い派手な花を撮るのも難しい。下手をすると、どこかで見たような写真になってしまう。

こういった群生写真、つまり手前から奥にいたるまで花で埋め尽くされた様子を撮るのは苦手だ。だからといって、売れ筋ともいえるこういったカットを写真家として撮らないわけにもいかない。今まで、いやというほどこの花を撮影しているが、自分で納得のいくカットは一枚もない。

写真を撮ったのは鬼無里《きなさ》、咲き始めの一番美しいときである。白い部分は花弁ではなく、苞《ほう》と呼ばれるもの。

山葵

ワサビ

アブラナ科ワサビ属◉長野県白馬村

狩猟採集本能によるものか、あるいは特別食い意地が張っているのか、自然の中で、食べられるものを採るのが大好きである。山菜やキノコの季節には、撮影目的で山歩きをしていたはずが、見つけた喜びから、ついつい採ることが先になってしまい、後悔することもしばしばである。何しろ大切な被写体をわざわざなくしてしまうわけだから。

このワサビが生えているのは、白馬村在住のF氏に教えてもらった秘密の場所。道のない小さな谷あいを川に沿って三十分ほど歩かなければならず、そのせいか人に出会ったことは一度もない。かつてはワサビ田として手入れされていたのだろうが、今はほぼ野生に戻り、花時には沢筋一面が真っ白になるほど花が咲く。

しかし、山菜としておいしいのは、まだつぼみの状態の花茎。ぴりっと辛いおひたしは絶品の酒の肴になる。

撮影ワンポイント 植物写真を撮る際、シャッターを押す以前に心掛けている点がいくつかある。そのひとつが、実物を目の前にしたときに写真で見たイメージと合致する、つまり、写真からその植物の大きさや雰囲気などが想像できるように工夫していることである。特にこのワサビは食べる目的で採取する山菜で、毒草と間違えたら大ごとでもある。こういった場合、周囲の様子も含めた全体を撮り込んだ方がより正確に読者に伝わる。

山芍薬

ヤマシャクヤク

ボタン科ボタン属◉東京都高尾山

十年ほど前の五月半ば、高尾山の植物に詳しいA氏から、ヤマシャクヤクの群生地が見つかったとの知らせを受けた。さっそく、案内していただくと、杉林の伐採跡地で、二、三十株のヤマシャクヤクが一斉に満開の時を迎えていた。開花したばかりの大きな純白の花は、輝くばかりに美しい。夢中でカメラを向け、撮影したが、後に何か違和感のようなものが残った。

それがなんであるかは、すぐに分かった。咲いているのが、常緑針葉樹林の、しかも杉林という人工林の中だったからである。

ヤマシャクヤクは日本の野生種、もともと自生するのは、落葉広葉樹林の中である。周辺を見回すと、木を伐採したために、その一帯だけが日当たりが良くなっていた。それが、そこで一斉開花した要因のようだった。

植物の写真を撮影するとき、心がけていることのひとつに、その花が咲いている環境も写し込みたい、ということがある。本来の自生地が理想だから、杉林のヤマシャクヤクはちょっとおかしい。

では、落葉樹の多い雑木林ならいいのか、といえば、雑木林だって人の手が入り、原生林とはいえない。そもそも、国内で植物がもともと野生しているような場所を探すのは難しい。高山帯を除けばほとんどない、と言ってもいい。そんな状況だから、植物たちも環境の変化に対応して、新しく生きる場所を探し、動いているのかもしれない。

そういえば、六二頁に掲載したクマガイソウも同様で、杉林の下で元気に群生していた。

キンポウゲ科センニンソウ属●和歌山県高野山

高野半鐘蔓

コウヤハンショウヅル

長年日本中を歩いて野生植物を撮影してきたが、まだ出合っていない植物はたくさんある。図鑑などで見て気になったものが、その画像ごと頭の中にたまっている。ある日、中のひとつが気になり出して、どうしても実際に見たくなる。そうして、探しに行く。この花との出合いもそんなことから始まった。

コウヤハンショウヅルは奈良県、和歌山県、徳島県、三重県にのみ生育する絶滅危惧種。生えている場所もきわめて限定されるという。この時は、名前から連想される通りの高野山で、地元の植物に詳しい方に案内していただき、深閑とした雰囲気の中、ちょうど見頃の花に出合うことができた。

花は長さ三センチほどの釣鐘型で、外側にある小苞《しょうほう》という部分のグリーンがおしゃれだ。四国にはよく似たシコクハンショウヅルが分布している。これも未見である。

撮影ワンポイント マメ科、ヤマノイモ科、そしてこのキンポウゲ科など、つる性の植物の撮影ほどやっかいなものはない。花は小さく、地味なものが多いくせに、十メートルほどの高さに咲いているものもある。できるだけ低い場所に咲いているものを探すのだが、例えばこの花のように、高さ、三〜四メートルに咲いていた場合は、少し小細工が必要だ。絡んでいる枝を細いひもでしばり、枝ごと全体にひっぱり下げる。その際の注意点は、下げすぎて不自然な角度にしないこと。

野茉莉 エゴノキ

［別名／チシャノキ］

エゴノキ科エゴノキ属●東京都調布市

梅雨が始まる頃、雑木林の中で白い花が咲く。張り出した枝に、下向きの花をたくさん付けている。花の大きさは一・五〜二センチほど、五弁の花の真ん中から黄色い雄しべがのぞいていたら、エゴノキである。私の好きな花のひとつだ。満開時には、木全体が白く見えるほど鈴なりになる。

いつも「その花をその花らしく撮る」ことを心がけている。が、この花には苦労する。全体を撮れば、一つひとつの花が小さいためか、どんな花か分からないような写真になりがちだ。それではと近寄れば、あまりにたくさん咲いているので、どれを選んでいいのか目移りしてしまう。

エゴノキの白は透き通ったような純白、花は清らかでシンプルだ。その雰囲気を写し込もうと一枝を選び出しても、背景に必ずたくさんの花が入ってしまう。しかし、密に咲くのがこの花の特徴でもある。背景に花を入れないとたくさん咲いている感じも出ない。ああでもないこうでもない、と背景の処理に苦心するのである。

小雨の中で撮ったこの写真は、うまく雰囲気が出ていると思う。だいたいこの花は、曇天か雨が似合うのである。

こんな無垢な美しい花を咲かせながら、果皮はエゴサポニンという有毒成分を含んでいる。昔はこの果皮をつぶして川に流し、魚を捕るのに利用したという。

日本全国の山野に生える。根元から株立ちし、高さ十メートルほどになる。ファンが多いためか、最近は庭木などにもされている。

朴の木

ホオノキ

［別名／オオガシワ］

モクレン科モクレン属●長野県木島平村（若葉）・山梨県小菅村（花）

長野に義弟たちが所有する山小屋があり、ここ二十年ほど、よく使わせてもらっている。

広々したベランダの真正面には、高さ十五メートルほどの形の良いアカマツが立っていて、長く小屋のシンボルツリーとしての役目を果たしてきた。しかし、それが、近いうちにホオノキに取って代わられそうなのである。私がその小屋に通い始めて五年ほどたった頃、アカマツの手前に、五メートルほどに育ったホオノキが生えているのに気が付いた。その後みるみる成長し、今やアカマツを押しのけそうな勢いなのだ。

ホオノキの成長速度はきわめて速い。その上、大きいものは高さ三十メートル、幹の直径一〜二メートルもの大木になる。木だけでなく、葉っぱも大きい。長さ四十センチ、幅は二十センチほどもあり、おそらく、大きさでは、日本の野生樹木の中で一番だろう。

花は、輪生した大きな葉の中心に咲くせいか、小さく見えるが、直径は十五センチと、これもまた、日本一の大きさといっていい。純白の花は良い香りを放つ。

ホオノキは材質が柔らかく、家具、版木、鉛筆などの材料にされる。また、味噌を、乾燥させたホオノキの葉に塗り、炭火であぶる朴葉味噌は、飛騨高山の郷土料理としてよく知られている。樹皮は薬用として利用されることもあるという。

有用面ばかり強調したが、ホオノキがいいのは新緑の頃だ。初々しい若葉は青空を透かし、なんともいえない柔らかでやさしい色合いを見せる。

田虫葉 タムシバ

［別名／カムシバ、ニオイコブシ］

モクレン科モクレン属◉長野県白馬村

タムシバ、という語感が面白いので名前の由来を調べてみた。

二説ある。一つは嚙柴、葉を嚙むと甘みがあるので、カムシバ、それがなまってタムシバとなったというもの。

もう一つは田虫葉で、葉の表面に皮膚病の田虫のような斑点ができることから、というあまりありがたくない説である。

白い粉を吹いたような斑点は私も見たことがあるので、こちらが有力かな、と思った。タムシバは、つぼみを干したものを辛夷《しんい》といい、実際にも薬用植物として使われているのである。蓄膿症など鼻の病気に薬効があるという。田虫に効くかどうかは分からない。

早春の山に咲く一番花で、撮影した八方尾根でも、まだ足元は残雪でいっぱいだった。コブシとよく似ているが、花は一回り大きい。そのせいか、いくぶんお行儀の悪い咲き方をする。

犬橅　イヌブナ

ブナ科ブナ属●山梨県山梨市

［別名／クロブナ］

五月半ば、山梨県の西沢渓谷にアズマシャクナゲの群生地を訪ねた。二十年ほど前に一枚の写真を見たとき、一つの絵柄が頭に浮かび、以来、この季節になると繰り返し出かけていく場所である。

水しぶきをあげて落ちる滝を背に咲く赤い花。イメージした絵柄は、通い続けているが、いまだものにしていない。実は、こういうことは他の植物でもよくある。どんどん理想化されて、実際とはかなりずれてしまっているのかもしれない。

それでも懲りずに通い続けるのは、多分場所そのものが気に入っているせいである。行けば必ず何かしらの収穫がある。

この日、やはりシャクナゲはうまくいかなかったが、山道を戻る途中、初夏の明るい日差しを浴び、浅葱《あさぎ》色の新葉を柔らかく展開させた、このイヌブナの木に出合うことができた。

橅 ブナ

［別名／シロブナ］

ブナ科ブナ属●群馬県尾瀬ヶ原

尾瀬にひかれ、尾瀬に通い詰める人たちがいる。かつて私も、年の三分の一近くを尾瀬で過ごしたことがある。

　飽きることのないその魅力のひとつは、季節が変わる瞬間を、目撃できることといえようか。

　例えば五月半ばのある日のこと、標高千四百メートルの尾瀬ヶ原の湿原では、雪解けと同時に開花したミズバショウやリュウキンカの花が群生し、華々しく満開となっていた。しかし、尾瀬ヶ原を取り巻く山々は、まだ冬枯れたままだ。それが、一夜明けて、赤茶色の山肌が見事にもえぎ色に変わっていたことがある。

　その劇的な変化の主人公が、このブナの新芽だった。芽を包む茶色の外皮を押しのけて、一斉に若葉が飛び出したのである。

　そして、葉はすぐに展開して日々濃さを増し、やがて山肌はボリューム感ある濃い緑色へ変わるのである。

羽団扇楓

［別名／メイゲツカエデ］

ハウチワカエデ

カエデ科カエデ属●福島県燧裏林道

撮ったのはもう二十年も前なのだが、この一枚の写真を見ただけで、その時の周囲の気配、心地良さが一気によみがえってくる。

尾瀬燧《ひうち》ヶ《が》岳《たけ》の西面、燧裏林道、ブナの梢では開き始めたばかりの葉がもえぎ色に輝き、光が差し込んだ明るい林の中では、ムラサキヤシオの赤紫色の花やムシカリの白い花が咲いていた。谷筋をたどると、シラネアオイやトガクシショウマの初々しい花にも出合えた。遅い雪解けとともに、春が凝縮してやってきて、周辺の花を一斉に咲かせていた。

何度通っても、また行きたくなる場所のひとつである。ただし、このような期間はきわめて短い。この芽吹いたばかりのハウチワカエデも、一週間後には重たげに葉を展開させ、下向きに花を咲かせている。葉はカエデの仲間では最大級の大きさで、直径十二センチほどにもなる。

猩々袴

ショウジョウバカマ

ユリ科ショウジョウバカマ属●長野県白馬岳

六月の梅雨の真っ盛り、普通こんな時期は撮影になど出かけないものなのかもしれない。だが、私は家にいても落ち着かない。大好きな季節なのだ。

小雨程度ならば傘なしでも撮影してしまう。最近のカメラは防水性がいいのか、それとも運がいいのか、びしょぬれになることがあっても故障したことがない。

雨は花をしっとりとさせ、また、生き生きとさせる。しかし、出かけたい理由はまだある。この季節は花の種類が多いのだ。それなのに、雨を嫌う人が多いとみえて、どこへ行っても人が少ない。静かな環境でゆったりと写真が撮れるのも大きな魅力だ。

写真を撮った白馬尻は、白馬岳登山へのメインルート、白馬大雪渓の末端部である。残雪の量で年々の開花期は若干ずれるが、六月中旬頃に行けば、シラネアオイ、キヌガサソウ、サンカヨウがあちこちで群生しているのを見ることができる。雪渓の縁ではオオサクラソウが咲き始めている。

この時期の硬くしまった雪の上は滑りやすい。急斜面のシラネアオイに近付こうとして体勢を崩し、目線が変わったら、雪渓の間に島のように土が露出している場所があり、ショウジョウバカマの赤い花が見えた。

春竜胆

ハルリンドウ

リンドウ科リンドウ属◉長野県白馬村

五月初め、木々の新緑が深い緑色に変わる季節だ。しかし雪の多い地方には、この頃になってようやく春が訪れる。冬から春への移ろいをもう一度味わいたくて、安曇野《あづみの》へ出かけた。

雑木林はまだ冬姿のままだが、木の間ごしにオオヤマザクラのピンクの花やタムシバの白い花が見え隠れする。林に踏み入ると、小川の縁にニリンソウの花が一面繁茂していた。

雪の消えたスキー場にはカタクリが大群生し、その一角でハルリンドウの花が咲いていた。

リンドウの仲間は秋に咲くものが多いが、フデリンドウ、コケリンドウなどと並んで、このハルリンドウは文字通り春に花を咲かせる。また、この仲間は太陽の光を受けないと花が開かない。種類によっては太陽が雲におおわれたとたんに閉じ始めるものもあり、油断がならない。この時は日が差し始めたばかりのようで、花たちはそろって太陽に向かい、懸命に背伸びをしていた。

撮影ワンポイント 他にも、例えば夕方から夜にかけて咲くアカバナ科のマツヨイグサの仲間、ウリ科のカラスウリの仲間、昼過ぎにならないと開花しないサジオモダカなどがあるが、図鑑にそれらの情報は記載されていない。その花が一番美しい姿を見せる、開花直後を撮影しようとするなら、その植物の生態を熟知する必要がある。

酸葉　スイバ—❶

［別名／スカンポ］

タデ科ギシギシ属◉長野県長野市

四月初め、東京の町田市にある谷戸《やと》を訪ねた。目当てはヤマザクラだったが満開には早く、暖かな日差しに誘われて、隣の谷戸まで足を延ばしてみた。

そこは開けた谷戸で、山菜採りの人たちがいた。田んぼの畦で摘んでいる女性のかごをのぞくと、ヨモギに混じってスイバのごく若い花穂が数本入っている。茎に塩を振って板ずりをし、紙にくるんで二、三日土に埋めておくとおいしくなるのだという。スイバは生で噛んで酸味を味わうくらいで、山菜としての人気はかなり低い。そういう食べ方を聞くのは初めてだった。

試しに私も採ってやってみた。確かにえぐみが消え、酸味は多少マイルドになっていた。

スイバはどこにでも生える。写真は土手の大群生である。地味な花を咲かせるが、よく見ると雌《し》雄異株《ゆういしゅ》で少し違う。育つと茎の高さは一メートルほどにもなる。

撮影ワンポイント 同じ種類の植物が一面に大群生している、あるいは同じ色の花が一斉に開花している。一般的にはそういった風景を好む人が多いようだが、私はいまひとつひかれない。というか、撮るのが苦手なのだ。どう撮っても同じような写真になってしまいそうだ。そのせいもあってか、納得のできるカットを撮ろうとやたら時間をかけ、躍起になってシャッターを押す。そうして出来上がりを見て、がっかりする。むしろ、何げなく撮ったこのカットの方が気に入ったりするから面白い。

酸葉 スイバ──❷

タデ科ギシギシ属●長野県大町市

［別名／スカンポ］

一日の終わり、人けのなくなった田んぼの縁に車を止め、日が傾いていくのをじっと待つ。ひんやりとした空気が、熱を帯びた私の体を少しずつ冷やし、生気を取り戻させてくれる。

強い昼間の光線が、徐々にやさしい柔らかな光へと変わっていく。すると、それまでなんでもない存在だった植物たちが、突然自己主張を始め、輝き出すことがある。

この時、しまい込んだ機材を取り出して撮影するかどうかは微妙なところだ。このまま、疲れた体を癒やしながら、刻々と変化する植物たちの表情をただ見続けていたい。しかしまた、このような被写体を前にして、手をこまねいていていいものだろうか、とも思う。もしかしたら二度とないシャッターチャンスを見逃すことになるかもしれないのだ。

こうして日の落ちる寸前の、大好きな夕方は、至福の時間であると同時に、緊張に満ちた瞬間ともなる。

撮影したのはフィールドといえる長野県大町市の山間部。透明感のある光は田の隅々まで行き渡り、畦道を歩き回ること三十分ほど、気付くと周囲の山肌はすでに漆黒の闇に沈んでいた。

春雪の下・春雪の舌

ハルユキノシタ

ユキノシタ科ユキノシタ属◉新潟県糸魚川市

初めてハルユキノシタを見たのは四月上旬の丹沢。谷あいの岩の上に咲いていて、私は開花のあまりの早さに驚いた。てっきり、梅雨の頃に咲くユキノシタと思い込んでいたからだ。

日本には、変種まで含めると十種を超えるユキノシタの仲間が生えている。共通した特徴は、五弁の花の下二枚が長く、「人」に似た形をしていることである。開花期はばらばらで四月から十一月まで。一番早く咲くのがハルユキノシタである。

写真は二三頁のツクシと同じ糸魚川《いといがわ》市で撮ったもの。海と山に恵まれたこの地に友人が別荘を建てた。昨春、そこに滞在させてもらい、近くの山で遊んだとき、撮影したのである。

山は春の息吹であふれていた。妙にしんとした一角があり、見ると、湿った岩壁にハルユキノシタが純白の花をたくさん咲かせていた。

撮影ワンポイント 咲いていた場所は薄暗い谷筋、おまけに弱いながらも常に同じ方向から風が吹いている。高い場所に咲いているため、望遠レンズでの撮影。花はいつも揺れていてぶれる条件がそろっているが、小一時間も粘って、なんとかこのカットを撮ることができた。

雪の下・雪の舌

ユキノシタ

ユキノシタ科ユキノシタ属◉東京都高尾山

私が生まれ、今でも住んでいるのは東京の杉並区、地下鉄で新宿まで十分の、非常に便利な場所である。しかし、幼い頃は家の前の道路はまだ舗装されておらず、周辺は車が行き交うこともほとんどない、いわば、かなりの田舎だった。

だから、遊び場はいくらでもあった。同じ年頃の子供たちが五人、十人と徒党を組んでは移動したものだ。よく遊んでいたのは路地裏の袋小路で、そんな所にはよく、共同で使う手押し式の井戸があり、洗い場を囲んで母親たちが井戸端会議をしていた。その辺りを子供たちが駆け回るのである。

そこに、ユキノシタが咲いていた記憶がある。そんな小さいときに植物に興味があったとは思えないのだが、背の低い子供の目線からは、この写真のように見えて印象的だったのかもしれない。

実際、こうして近くで見ないとこの花の絶妙な色使い、細部の面白さには気付かない。

咲いているのはたいてい人家のそばが多い。それも、湿り気のある古い石垣の間、ドブの縁、庭の薄暗い隅っこなど、どこかじめじめした場所を好み、走出枝《そうしゅつし》（ランナー）を伸ばして増える。

ユキノシタの名前の由来はいろいろで、白い花を雪に例えて雪の下としたもの、井戸の周囲に生えるのでイドノシタ、それが変化してユキノシタになった、という説などがある。

井戸の説を採りたいところだが、もう一つ、下側に向いた二枚の花弁が雪のように白く、舌を出しているようなので「雪の舌」とした、という説がぴったりなように思う。

蛍蔓・蛍葛

ホタルカズラ

ムラサキ科イヌムラサキ属●青森県八戸市

フリーの写真家になって、今年でちょうど三十年になる。一九七六年、初めての本『山菜』（山と溪谷社）が出版されるのを機に、助手として師事していた師匠から、独立が許されたのだった。私は張り切っていた。希望に満ちた出発の年。そのはずだった。

それが、精力的に撮影し始めた直後、過労から急性肝炎になってしまい、一カ月の入院生活を送る羽目になったのである。入院中、桜の花が満開となり、やがて散っていくのを、ただ病室の窓から眺めていた。春の花が次々に咲き、そして、咲き終えていく。綿密に立てた撮影計画がむなしかった。季節が進んでいくのが無性にいらだたしかった。あの時ほど、シャッターを押したいと強く思ったことはない。野山を自由に歩くことのできない身が恨めしかった。

退院してすぐ、千葉の山へ撮影に出かけた。木々の新緑が目にまぶしかった。雑木林には、いろいろな花が咲いていた。そして、土手の草むらで、小さな花を見つけた。他の草に隠れるように茎を這わせ、その先端に可愛らしい花を咲かせていた。ホタルカズラだった。そのとりとめのない咲き方に、どうやって撮ろうかと苦心したのを、はっきりと思い出す。蛍の光に例えられる鮮やかな青紫色の花は、なんともいえず美しかった。

ほどなく『山菜』が出版され、ありがたいことに一カ月もたたないうちに版を重ねた。山男と自負し、体力には自信があったのだが、病気をして初めて、健康な体のありがたさを思い知った。

紫

ムラサキ

ムラサキ科ムラサキ属●山梨県甲州市

『万葉集』には紫草を詠みこんだ歌がいくつかある。「紫草衣に染め」というくだりの入った歌があったりするので、この頃すでに染料として利用され、栽培もされていたと推測される。

ムラサキの根は太く、シコニンという紫色の色素を含む。また、根は同時に消炎、解熱、解毒などの薬効があるとして、さまざまな病気の治療薬として用いられてきた。江戸時代の医者華岡青洲が考案したとされる軟膏、紫雲膏《しうんこう》は、今でも漢方の外用薬として、痔や湿疹、やけどなどに利用されている。

本来は野生種のはずだが、自生しているのを私が実際に見たのはたったの三回しかない。いずれも標高千メートルから千五百メートルの草原状の場所である。そのうち二カ所ではすでに絶えてしまったらしく、今ではまったく見当たらない。

現在私が知っているのは、この写真を撮影した草原だけである。乱獲されたのか、住みやすい環境が減ったのか、野生種は今や絶滅危惧植物になってしまった。

環境省が二〇〇〇年にまとめた植物レッドデータブックは、絶滅の恐れのある植物を、リスク順に三つのカテゴリーに分けているが、このムラサキは中間にランクされている。

幻の花と思えば、なにやら神秘性を帯び、見たい気持ちもつのる。ちなみに草丈は四十～七十センチで、花の直径は一センチ足らず、背丈が高い割には花が小さい。しかも花の色は紫ならぬ白、その辺に咲いていても目立たない地味さである。

勿忘草・忘れな草

ワスレナグサ

ムラサキ科ワスレナグサ属◉北海道東川町

　北海道に住む友人宅に寄留して三日目、晩酌の肴にワサビの花芽を摘もうと庭に出た。庭の一角には数本のオオヤマザクラが立っており、その下は湧き水の流れる小さな湿地帯になっている。ここにワサビが生えているのだが、思わぬ希少種に出合えることもあるので必ずここをのぞくことにしている。

　そして、この花を見つけた。一瞬、深山で見かけるエゾムラサキかと思ったが、ワスレナグサだった。

　ヨーロッパ原産の帰化植物で、英名はforget me not（中世の英語の語順で「私を忘れないで」）。このロマンチックな名前は、恋人のために川岸に咲く花を摘もうとして誤って川に落ち、急流にのみ込まれながらも花を投げて、こう叫んだ、という伝説からきているという。酒の肴を探しに出て偶然見つけた私とは大違い。直径七〜八ミリほどの花は目が覚めるようなコバルトブルーで、とてもすてきだ。

鈴虫草

［別名／スズムシラン］

スズムシソウ

ラン科クモキリソウ属●東京都高尾山

スズムシソウは日本中に広く分布しているのだが、見るのはかなり難しい。個体数が少ない上、野生ランの例にもれず、盗掘されることも多いからだ。これまで情報をもらって出かけていっても、出合えたことは一度もなかった。掘り起こされた穴を見て、残念な思いをしたこともある。

五月半ばのある日、高尾山の植物に詳しいA氏に誘われて、スズムシソウを見に行った。案内されたのは、登山者が少ない道沿いの杉林の中。数株がひっそりと目立たない花を咲かせていた。

スズムシソウの名前は、見たままの花の形から。このように昆虫の名前の付いたものには、同じ属にもクモキリソウ、ジガバチソウなどがある。紛らわしいことには、かつてスズムシソウと呼ばれていたスズムシバナという花もあって、こちらはキツネノマゴ科。花の色や形がまったく違う。

マツ科カラマツ属◉山梨県鳴沢村

唐松・落葉松

カラマツ

これはカラマツの雌花、直径はわずか七〜八ミリといったところである。木をぼんやりと見ていてはこの花のディテールには気付かない。ルーペでのぞいてみて初めて、その色や形の面白さ、美しさが分かる。

カラマツは成長が早く、育つと三十メートルもの大木になり、耐寒性もあるのでよく植林される。高原などではおなじみの木で、特に北海道では人工林の四〇％を超えるほどだ。日本の針葉樹ではただ一種落葉する木でもある。

撮影したのは富士山の五合目、標高二千三百メートルの、常に強い風が吹きさらす御庭付近。一帯には天然カラマツがたくさん生えているが、いつも強風をまともに受けているため、丈は伸びず、高いものでもせいぜい五メートルほどだ。幹は異様な形にねじ曲がり、枝は一方向にのみ伸びて、痛めつけられた様子がありありとしている。しかし、根元を見てみるとかなり太い。かなりな樹齢であることが推測され、そのしたたかな生命力を感じて驚かされる。

植林されたカラマツは、水に強い性質を生かして土木、建築、枕木、電柱などの材として用いられる。一方、天然カラマツは木目の美しさに注目され、家具などに使われている。

御庭は花の咲く新緑の頃もいいが、十月上旬の輝くような黄葉の頃もいい。そこに新雪が見舞うと、また、一種見応えがある景観をつくる。

馬刀葉椎・全手葉椎

マテバシイ

ブナ科マテバシイ属●東京都新宿御苑

思い出と結び付いた木や草がある。このマテバシイの花には、師匠（先生）の冨成忠夫の思い出がある。先生が亡くなってもう十四年がたった。

ある梅雨の晴れ間、ふと、先生を新宿御苑へ連れ出すことを思い付いた。先生は、その四年ほど前に心筋梗塞の発作を起こし、青山の自宅で療養生活を送っていた。電話をしてみると、少し迷っておられたようだが、その日は体調が良かったのか、外へ出かけてみたい、とおっしゃった。

私にためらいがなかったわけではない。何か起きたらどうするのだ、と思う気持ちもあった。しかし、とにかく、どこでもいいから緑あふれる外気を味わってもらいたかったのである。

穏やかな日だった。きつい日差しを遮断するように、うっすらと雲がかかっていた。Tシャツ一枚の身に、初夏の風が心地良かった。梅雨という季節柄か、人のいない新宿御苑を、ゆっくりと歩いた。先生の息が切れると、広い芝生の真ん中に座り込んだ。気持ち良さそうに周囲を眺めている姿を見て、誘って本当に良かったと思った。

その時、先生に待ってもらい、撮影したのが、満開のマテバシイの花だった。花の香りが辺り一面漂っていた。

それから三カ月後、先生は肺炎で亡くなられた。木全体が真黄色に見えるほど、花を咲かせるこの木を見ると、そして、シイの花独特のにおいをかぐと、先生と歩いたこの日のことを思い出す。

マテバシイは、シイの仲間のうちでは最も遅い、六月中旬から下旬にかけて花を咲かせる。

スイカズラ科ガマズミ属●福島県昭和村

蟲狩　ムシカリ

［別名／オオカメノキ］

五月、色のなかった山肌に、ブナ、ミズナラ、カエデなどの黄緑色の新芽が展開し始める。雪解けの遅い東北地方の山にやっと春が来たのである。雪混じって白い花が咲いているのが目をひく。標高千メートル前後の山々を彩る代表花、ムシカリである。残雪がいつまでもあれば、六月まで純白の清々しい花を見ることができる。

同じ頃、ツツジ科のムラサキヤシオも、葉を出すより先に渋い赤紫色の花を咲かせ始める。生育環境が同じなのか、決まって競うかのように隣り合わせで咲いている。

ムシカリの名は「虫喰われ」から。実際に、虫に食べられて穴だらけになった葉をよく見かける。別名オオカメノキは、直径二十センチほどもある大きな葉が亀の甲羅に似ていることが由来。

秋には葉が赤や紫、黄色とさまざまに変化し、深まれば赤い実が黒く熟す。変化を楽しめる木である。

桜蘭

サクラ ラン

ガガイモ科サクララン属●東京都杉並区

事務所の出窓に置いた鉢植えで、サクラランが下向きに花を咲かせていた。透明感のある純白の花が、朝の柔らかな半逆光を浴びて、なんともすてきな色合いになっている。中心部のぼかしの入ったえんじ色がとてもおしゃれだ。近付いてよく見てみると、先の尖らない星形の花弁は肉厚で小さな突起がたくさんある。思わずカメラを取ってシャッターを押した。

一つひとつの花の直径は一センチほど。東南アジアなど亜熱帯の林に生えるつる性の植物で、日本では九州南部から沖縄にかけて分布している。株自体はあちこちで見かけるが、開花しているのにはなかなか出合えない。

日頃から、植物はあるべき場所にあってこそ本来の姿を見せるもの、と考えているので、東京で植栽された花を撮るなど意に反してはいるのだが、この艶っぽさには抗えなかった。

蝦夷の立金花　エゾノリュウキンカ

［別名／ヤチブキ］

キンポウゲ科リュウキンカ属◉北海道東川町

北海道が好きだ。とりとめなく茫洋とした広さの中にいると、海外へ出かけたときのような新鮮な感覚を味わえる。

どの季節もいいが、北海道の花時は迫力がある。広大な大地にふさわしく、大群生するものが多いのだ。例えば海辺ではハマナスやエゾスカシユリ、高山の雪解け跡ではキバナシャクナゲやエゾコザクラの花々が、辺り一面を埋め尽くすように咲く。高原から高山の水辺では、このエゾノリュウキンカの花も負けずに大群落をつくる。いずれも本州では見られないスケールの大きさだ。

エゾノリュウキンカは北海道の春を告げる代表花。雪解けの流れの中に、輝くような黄色い花を咲かせる。本州に生えるリュウキンカの変種で、全体に一回りほど大きい。ヤチブキとも呼ばれ、若芽は山菜としても知られている。

このような残雪の野山歩きに欠かせないのは長靴だ。私はかなり奥深い山を歩くときでも、登山靴を履かずに長靴で歩くことが多い。同じメーカーのものをもう三十年以上愛用しているが、天然ゴム製で軽く、何より足にぴったりとくる。スペアを用意しておかないと不安である。というわけで、この日もその長靴を履き、水の中に入って撮影した。

立金花

リュウキンカ

キンポウゲ科リュウキンカ属●群馬県尾瀬ヶ原

尾瀬の雪解けは遅い。五月初旬、登山口の戸倉は新緑真っ盛りだというのに、鳩待峠に来たら冬景色に変わっていた。尾瀬ヶ原はまだ一面雪だった。

尾瀬の積雪量は、その年によって大きく異なる。開花期は積雪量に左右されるので、雪が多い年は、開花が前の年より三週間も遅れたりする。

足元を確かめながら、雪でおおわれた小さな沢沿いをゆっくり歩く。水は確実に温《ぬる》んでいるはずだ。川面が見えている所があるに違いない。すると、雪が解け、水の流れている場所が現れる。そして、そんなところには、必ず、リュウキンカの花が咲いている。

リュウキンカは、ミズバショウとともに、尾瀬ヶ原で最も早く咲く花のひとつである。ミズバショウに先駆けて咲く、といった方がいいかもしれない。雪が解けるやいなや、葉を展開させながら花を咲かせる。まるで、雪の下に埋もれながら、日の光が当たる時期を正確に予測しているような素早さで。

しかしながら、咲き急いだ花には、試練が待ち受けている。尾瀬では、五月上旬から六月上旬にかけて、早朝の気温が零度を下回る日が続く。写真のように、毎朝霜をまとい、寒さに震えることになるのである。

それでもめげず、太陽が昇ればまた元気を取り戻し、成長を続ける。厳しい環境に生きる植物はタフなのである。

山鳥薇 ヤマドリゼンマイ

ゼンマイ科ゼンマイ属●群馬県尾瀬ヶ原

六月の梅雨時は好きな季節だ。雨で花たちが生き生きするし、花時というのにどこへ行っても人が少ないからだ。尾瀬も例外ではない。

この時期は植物たちの成長も著しい。尾瀬に行き始めた頃、ほんの一週間ほどの間を置いて訪れ、景色が一変しているのにびっくりしたことがある。

中でもヤマドリゼンマイの成長は目覚ましい。赤褐色の綿毛をかぶった若芽が土から顔を出したと思ったら、瞬く間に湿原は若緑色のシダの大群生で埋め尽くされる。

同じ頃、水辺ではタテヤマリンドウ、ミツガシワ、ヒメシャクナゲなどの小さな花も咲きそろう。やがて、葉が完全に開いたヤマドリゼンマイの間に、レンゲツツジのオレンジ色の花が混じる。みずみずしい若葉の色とのコントラストが美しい。木道の脇ではズミが白い花を咲かせている。

傘を差して木道に立ち、たった一人なのに気付いて、湿原を独り占めできるうれしさを感じる。同時に、なぜ人が来ないのだろうと不思議になる。

この日の早朝、いつものように濃霧が尾瀬ヶ原をおおっていたが、どこか、梅雨の晴れ間の到来を予感させるものがあった。レンズをのぞきながら、これはサラダでそのまま食べられそうだ、などと思っていたら、霧の向こうから暖かい日が差し込み、いっそうおいしそうに感じられる写真になった。

こうして誰もいない湿原で写真を撮っていると、この、音のない静けさをどうにか表現できないものだろうかといつも思うのである。

夏の巻

Summer

布袋蘭

ホテイラン

ラン科ホテイラン属◉長野県八ヶ岳

　こんなに鮮やかな色彩をもつ華やかな花が日本に自生していたとは。初めて図鑑でこの花を見たとき少し驚いた。本当は、目立ちすぎる花は基本的に苦手なのだが、なぜだか興味をもった。そして、実際にどんな所に生えているのか見てみたいと思った。

　亜高山帯の針葉樹林、苔むした薄暗い林床に、ホテイランは点々と花を咲かせていた。日本の風土には似合わないのではないかと思っていたのだが、意外にも周囲の環境にしっくりとなじんでいる。全体の草丈は十センチほど、花の長さは二〜三センチとごく小さい。ここには写っていないが、地面に接するようにしわしわの葉が一枚生えている。そっとめくってみると、裏側は紫色をしていた。

　二十年ほどの間に、同じ場所に三回ほど通ったが、行くたびに少しずつ数が減っていていて、ちょっと心配である。

捩花

［別名／モジズリ］

ネジバナ

ラン科ネジバナ属●東京都杉並区

数年前、庭の芝生に突然ネジバナが出現した。どこかから種を持ち込んだらしい。それが増えて、去年はとうとう二、三十株ほどにもなった。

四月の始め頃、芝の間から葉を出す。家の者が踏まないよう、目印に割り箸を立てるのだが、株が多くなるにつれ、割り箸の数も増えていき、少々見苦しくなってしまった。おまけにそれを避けて芝を刈るので、刈り跡も妙な具合だ。

だいたいこの花は、ぽつんぽつんと咲いていてこそありがたみもあり、風情もある。そう思い至って今年は割り箸を立てるのをやめた。踏みつぶされるのを免れた、運の良い花だけが咲くことができるというわけである。

螺旋状に咲いている様子を写すには、真横から撮るしかない。這いつくばるので翌日は必ず首筋が痛くなる。モジズリという別名ももつ。

山桃

ヤマモモ（実）

ヤマモモ科ヤマモモ属●静岡県伊東市

ヤマモモは関東より南に生える常緑高木、六月頃直径一・五〜二センチほどの実をたわわに付ける。

小学生の頃、高知市に住んでいたことがある。たった二年間だったのだが、いい思い出がたくさん残っている。野遊びをして、ヤマモモの実を食べたのもそのひとつだ。

実は赤いうちはまだヤニくさい。完熟して黒みを帯びるのを待ち、甘くて食べ頃になったのを口にした。

どうやら食べられるものを見つけ、採って遊ぶ癖は、その頃しっかり身に付けたらしい。

ところで、子供の頃住んでいた家に、二十数年後に行ってみたことがある。家は当時のままだったのだが、記憶していた大きさとは違い、何もかもが小さかったことに驚いた。ヤマモモの実も、この二倍の大きさに感じていたように思う。

夏

山蛍袋・山火垂る袋

ヤマホタルブクロ

［別名／ポンポン、トッカン、トックリバナ、チョウチンバナ］

キキョウ科ヤマホタルブクロ属◉長野県高ボッチ高原

夕暮れがせまり、薄暗くなった林縁に、灯りをともすようにこの花が咲いていた。

この時間帯では、光線条件が悪いことやスローシャッターを強いられることなどから、ちょっと迷ったが、結局撮影した。結果は、いかにもひっそりと路傍に咲くこの花の感じが出た。

人里近くでは、ヤマの付かないホタルブクロの方が多く見られ、花の色が白っぽいものが多い。ヤマホタルブクロとは、萼《がく》の違いで見分けるのだが、素人目には難しい。

子供たちが蛍を花の中に入れて遊んだことから、蛍袋と名付けられた、というのが一般的だが、うなだれて咲く花の形から、火垂る（提灯のこと）袋の説もある。

日本全国に分布し、ポンポンやトッカン、トックリバナといったような、親しみ深い方言がたくさんある。

山椒薔薇

［別名／ハコネバラ］

サンショウバラ

バラ科バラ属●山梨県富士山麓

このサンショウバラが咲いているのは、富士山麓にある高原。

ここを初めて訪れたのは助手をしていた四十年ほど前、ムラサキの花を探す師匠に同行したときである。当時すでにムラサキは乱獲で激減し、絶滅危惧種に指定されていた。それが、誰もいない高原の至る所で小さな白い花を咲かせていて、感激しながら撮影する師匠の姿が印象に残っている。

その後何度か通ううち、だんだん数が少なくなり、十五年前に行ったときには、とうとう一株も見つけることができなかった。

その時、代わりのように咲いていたのが、このサンショウバラである。今にも雨が降り出しそうな天候の中、薄桃色の大きな花が美しかった。実はこの花も絶滅危惧種。別名をハコネバラといい、富士箱根、丹沢周辺にのみ分布する。葉がサンショウによく似ているとして名付けられたという。

合歓の木

ネムノキ

マメ科ネムノキ属●宮崎県延岡市

日が落ちる前に目的地に着こうと、先を急いでいた。宮崎県の延岡から西、高千穂へと向かうごく普通の車道、一瞬赤い花が目に入ったが、そのまま車を走らせた。しかし気になる。引き返してみると、このネムノキの花だった。

これまでネムノキを撮ったのはいつも早朝で、夕方は初めてだった。ネムノキの名前は、暗くなると葉が垂れ下がり、互生《ごせい》した小葉が合わさって閉じる様子が、眠ったように見えることから付いたという。由来通り、葉を閉じ、小枝ごと垂れ下がるようになりながら、開いたばかりの新鮮な花を咲かせていた。花からはいい香りがした。

花に見える部分は雄しべが多数集まったもので、本当の花は基部にあるが小さくて目立たない。薄暗い中、スローシャッターでの撮影で時間がかかり、宿へ着いたときはすっかり暗くなってしまった。

浜防風 ハマボウフウ

セリ科ハマボウフウ属●新潟県上越市

ハマボウフウがどんな植物か知らなくても、刺身のつまの、切り口がくるっと反り返ったあれだよ、と言えばたいていの人は分かるだろう。砂から顔を出したばかりの若芽は引っこ抜いてみると姿が良く、セリ科特有の香りもあって、生の魚と相性がいいのである。

名前の由来は漢方薬として知られる中国原産のボウフウに似ていることからで、実際にも鎮痛、解毒などの薬効があるとされ、民間薬として利用されている。

写真を撮ったのは新潟県の柿崎周辺、この辺りは国道八号線に沿って延々と砂浜が続いている。いつもなら気が向いた場所に車を止めて浜辺へ出ればハマボウフウはいくらでも群生しているはずなのに、この時はどうしたわけか全然見つからない。砂浜をさんざん歩いた末にやっとこの一角を見つけた。

撮影ワンポイント 海辺での撮影はいつにもまして注意が必要だ。晴れた日は紫外線が強く、青みがかる上、砂地とのコントラストも強い。いわゆるガチガチの堅い写真になりがちだ。手前から奥までピントを合わせるため、TS-24というアオリの効く特殊レンズを使って撮影。

軍配昼顔 グンバイヒルガオ

ヒルガオ科サツマイモ属◉沖縄県西表島

つるが広い砂浜に放射状に伸び、その先はすべて海へ向かっている。ここは沖縄の南、西表島の最南端、南風見田《はえみだ》の浜。西表に行くと必ず一回は訪れるのだが、めったに人に会うことがない、この上なく静かな場所である。

できれば終日ここにいたい。しかし、こんなに天気がいいと、砂浜に居続けるのは一時間が限界だ。上から太陽、下からは白砂の照り返しで、気を付けないとたちまち脱水状態になる。植物にとっても同じはずだが、この条件下で花を咲かせているのを見ると、相当な強者であることが分かる。しかもこのつるの広がり具合。

グンバイヒルガオは種子が海流にのって運ばれるため、世界中の熱帯から亜熱帯の浜辺に生えている。実際に私も、インドネシア、マレーシア、南アフリカの浜辺で出合っている。名前は葉の形が軍配に似ていることから。

撮影ワンポイント このような典型的な快晴は、植物写真を撮るには好条件とはいえない。このカットはフィルム時代のものだが、デジタルになってからは紫外線かぶり、コントラスト、色温度など、撮影後でも自由に変更、修正できるようになり、撮影は容易になった。

浜梨

ハマナス

バラ科バラ属●青森県つがる市

　ハマナスが咲くこの砂浜を初めて歩いたのは三十四年前のこと。私もまだ若く、行く先も決めず気ままに車を走らせるといった撮影行をよくしていた。今でも人の多い所は苦手だが、その頃は頑固なまでに人のいない場所ばかり選んでいたように思う。そうして訪ねた土地で、興味深い植物や見事な群生に出合うことも多かった。

　青森県の津軽半島、鰺《あじ》ヶ《が》沢《さわ》町から七里長浜に沿って北へ向かうと、内陸側に沼地が点在する静かな場所に出る。沼の面にはコウホネの黄色い花が浮かんでいた。撮影に疲れて海辺へ出てみると、砂浜にハマナスが群生していた。ここもまた気持ちの良い場所だった。砂地にテントを張って一泊し、翌朝一番に撮影したのがこのカットである。

　直径六～八センチの大ぶりの花には強い芳香がある。

撮影ワンポイント 植物写真を撮るにあたって私が心がけていることのひとつに、被写体は、できる限り、咲いたばかりの新鮮なものを選びたいということがある。長い間咲き続ける花などは、一見きれいに見えても、よく観察してみると、しべが傷んで茶色くなっていたりするものだ。そういう意味では、早朝に撮影したこの花は、新鮮そのものといえる。砂地に咲く植物は、過酷な環境もあって、強靭なものが多いが、夕方になるとどうしてもくたびれた感じが出てしまう。

麒麟草・黄輪草

キリンソウ

ベンケイソウ科キリンソウ属●青森県中泊町

長年、こんな仕事をしているので、日本全国、北は北海道から南は沖縄県まで、訪れていない場所はほとんどない、と言っていいだろう。最近でこそ、あらかじめいろいろな情報を得てから出かけるようになったが、初めの頃は、あてのない旅のように目的地も決めず、あちこちと動き回っていた。

「あてのない」といっても、花を探しての旅である。嗅覚が働いて、緑が豊かで深く、植物相に変化がある場所には自然に足が向く。そういう場所はなぜかあまり人が来ないので、居心地がいい。気が散らずに撮影にも集中できる。そうして気に入ると、それ以後何度か同じ場所へ足を運ぶことになる。

新潟から青森にかけての日本海側の海岸線も、気に入っているロケ地のひとつだ。夕方、撮影を終えると海辺へ出、車の中か砂浜にテントを張って一晩を過ごす。時には投げ釣りなどして、キスやハゼなどの小魚を調達し、夕日が沈むのを眺めながら一杯やる。

このキリンソウは、青森県の北端、龍飛崎に近い海辺に生えていたもの。周辺一帯が黄色く染まるくらい、たくさん群生していた。二時間ほどかけた撮影の間、通りかかった車は二、三台。国内にもまだこんな静かな所があるのかと驚きだった。

この時、周辺には、アサツキ、スカシユリ、ノハナショウブなどの花も咲いていて、結局三泊することになった。と、こんなことを書いていたら、また無性に行きたくなってきた。

浜万年青　ハマオモト──❶

［別名／ハマユウ］

ヒガンバナ科ハマオモト属◉宮崎県青島

こういう仕事をしていると、よく「あちこち行けていいですね」と言われる。初めの頃は素直に「はい」と答えていたものだ。確かに行き当たりばったりの無計画な動きで、その日の撮影が終わっても宿泊地が見つからず、車の中で寝ることも多かった。

そんな撮影行は楽しく、面白く、いつまでも旅が続けられそうな気がする。しかし、毎日集中して撮影をしていると、二〜三週間で、短いと一週間で「飽き」がくる。ガス欠のように突然ぷすんと切れるのだ。そうなるとろくな写真は撮れないので、どこにいようとさっさと帰る方策を考える。

そのうち喜ぶべきことか仕事量が増え、たくさんの本の企画を抱えてスケジュールに追われるようになると、冒頭の問いに、そうそう「はい」とは言っていられない日がやってきた。飽きがきても撮影をやめるわけにはいかないのだ。そして、今度は、撮影していた期間が長ければ長いほど、それに比例した休みが必要となってしまった。まったく我ながらわがままなことである。

このハマオモトに出合ったのはちょうどそんな時期だった。前年、三冊の本を立て続けに出版し、燃料切れとなって九州への旅に出た。宮崎の海岸線をあてもなく車を走らせ、ふと立ち寄った浜辺に、芳しい香りを放っていた。ハマオモトは一般には別名のハマユウの方がなじみ深いだろう。常緑の多年草で、夜に花を開かせる。この時は朝早い時間だったので、咲きたてのような新鮮さを保っていた。

浜万年青

［別名／ハマユウ］

ハマオモト——❷

ヒガンバナ科ハマオモト属●沖縄県西表島

祖納《そない》の集落を抜け、山道を北へ十分ほど進むと、お気に入りの小さな入り江がある。いつ行ってもほとんど人に会うことがない。

波で洗われて滑らかになった白い珊瑚の破片が、波打ち際を埋めている。しゃりしゃりと音を立てながら浜辺を西へ二百メートルほど歩くと、岩壁に囲まれた岩場に出る。夏には、その岩壁に純白のテッポウユリが咲き、岩場にはイリオモテアザミの花がたくさん咲く。

ハマユウを撮影したのは、入り江に下りて右手の隆起珊瑚の上。土はほとんどなく、海が荒れれば波をかぶるような場所で、たった一株だけ咲いていた。

ハマユウの花は青空が似合うが、開花するのは夕方で、夜には強い芳香を放って虫を誘う。つまり、日中に見るのは、実はくたびれ果てた残花なのである。直径二〜三センチもある大きな種子は水に浮き、海流にのって遠くへ運ばれてゆく。

透百合

スカシユリ

ユリ科ユリ属●山形県遊佐町

分布域は広いが、撮影にかなう株を見つけるのは案外難しい。色鮮やかな花は目立つせいか、手折られることも多いようだ。

この時も、はるか下の岩場に集まって咲いているのをようやく見つけた。急な草地を下り、岩を這ったり抱え込んだり、苦労しながらたどり着いた。

花ににじり寄り、ワイドレンズでできるだけ広く周囲の環境を撮り込んでみた、のだが…。撮影がすむと、満足感とともに疲れと恐怖心がどっと襲ってきた。こういう不安定な場所での撮影は、思っている以上の緊張を強いられるらしい。

花の径は十センチほど。花弁の基部が細く、隣の花弁との間に隙間ができる。透かして向こうが見えるところから、透百合と名付けられたという。

静岡県以北の海岸線に生えるが、新潟県から山形県にかけての日本海側で特に多く見られる。

半夏生・半化粧

［別名／カタシログサ］

ハンゲショウ

ドクダミ科ハンゲショウ属●茨城県取手市

梅雨の種子島で、車をのんびり走らせていたら目の端に白いものがちらちらする。花が咲いているのかとも思ったがちょっと違う。ティッシュペーパーをまき散らしたようにも見え、どうにも好奇心を抑えきれず、車を降りて雨に濡れながら近付いてみると、この花だった。

ハンゲショウの名前にまつわる話は二つある。夏至から十一日目を半夏生というが、この頃に開花するから半夏生、とするもの。もう一つは花の近くの二、三枚の葉が粉を吹いたように白くなり、しかも裏側は緑色という中途半端さを、化粧をしかけてやめたようだ、として半化粧というものである。

しかし、葉が白いのは開花前後の六〜七月だけで、八月に入れば淡緑色に戻ってしまう。この白化は受粉のために虫を誘う手段と考えられる。私がつい引き寄せられたのだから、それは十分に成功しているといえよう。

岩煙草

イワタバコ

イワタバコ科イワタバコ属●神奈川県丹沢

梅雨とはいえ、七月ともなれば日差しは強い。丹沢の林道を歩いていて、あまりの暑さに沢筋の薄暗いやぶ道に逃げ込んだ。もちろん、何かありそうだと予感してのことだが。

こういう仕事を三十年以上続けてきた結果、ある種、獲物を見つける直感のようなものが身に付いたようだ。周囲の生態系を肌で感じると、生えている植物を予想できるのである。

この時は、さらに道から外れて、小さな枝沢へ分け入った。沢の水はほとんど涸れており、苔むした大きな岩を回り込むと、このイワタバコが一面びっしりと花を咲かせていた。

人が来る心配はない。まずゆっくりと弁当を広げ、その後たっぷり時間をかけて撮影した。

大きな葉はタバコの葉に似ている。じめじめした薄暗い場所に生えるのを好む。見ようによってはひと癖ありそうに見える。

毒空木 ドクウツギ（実）

［別名／ヒトコロビノキ、イチロベエゴロシ］

ドクウツギ科ドクウツギ属●長野県白馬村

写真をよく見て、できれば実の形状をしっかりと覚えておいていただきたい。この植物、実はもちろんのこと、名前が示す通り、全草にコリアミルチンという猛毒成分を含んでいるのである。誤って食べると、よだれを流し、けいれんを起こし、呼吸困難に陥って死に至ることもあるという。

こんな恐ろしい植物、どんなところに生えているのかと、分布を調べてみたら、日本の他、中国、ニュージーランド、南米、ヨーロッパと広い。私自身はネパールとニュージーランドで、実際にこの仲間を見ている。地元の人に聞くと、やはり有毒であるとのことだった。

日本では一属一種、つまり、これに似たものは他にはない。近畿地方より東に分布している。国内で見たのは四、五回ほど、見るチャンスは少ないといえる。生えていたのはいずれも、河原や荒れた路傍など、栄養のなさそうな土地だった。

種子を包む果肉には甘みがあり、昔は情報が少なかったせいだろうか、子供が食べて中毒を起こすことがしばしばあったという。ヒトコロビノキという物騒な別名もある。

写真の場所は、白馬山麓の日当たりのいい河原。早朝散策をしていたら、珍しく至る所にドクウツギの実がなっていた。こんにち、山野で遊ぶ子供たちが簡単にこの実を口にするとは思えないが、猛毒であると教えることのできる大人がどれほどいるだろうか、と思うと少し不安になった。

実は熟すにつれて、次第に黒紫色に変わる。見ようによっては毒々しい。

黒実の鶯神楽

［別名／クロミノウグイス］

クロミノウグイスカグラ（実）

スイカズラ科スイカズラ属◉北海道東川町

酒をおいしく飲むためには、うまい肴がいる。おいしい食事には酒が欠かせない。どっちが先か分からないが、どちらもできれば上質なものがいい。上質というのは、高価という意味ではなく、新鮮で安心でき、自分の口に合った、ということだ。だが、これがなかなか手に入らない。

そこで、魚などは丸物を買って自分でさばくようになった。そのうち、保存食品をつくるようになった。庭で梅がなるので梅干しをつけ、暇な冬場は、味噌、ベーコン、からすみ、各種漬け物などをつくる。普段はものぐさなのに、食い意地というのは、すごいパワーを生み出す。最近は、庭の隅に畑をつくり、葉物なども栽培し出した。しかし、野菜づくりというのは、手間も知識も必要で、今はまだ、努力に見合った収穫はできていない。

友人に、これを完璧に近くやっている人間がいる。北海道に住む写真家だが、例えば、味噌をつくろうとすると、まず大豆を植えるところから始めるのである。広い畑で、ほとんどの野菜を自家製でまかなっている本格派だ。

ブドウやリンゴなど、さまざまな種類の果樹に加えて、このクロミノウグイスカグラもある。高さ一メートルほどの落葉低木で、花は直径一〜一・五センチ。六月から八月にかけ、直径一・五センチくらいの黒紫色の実が熟す。ジューシーで甘く、そのまま食べてもジャムにしてもおいしい。北海道では、アイヌ語のハスカップという名前で知られている。

ユリ科ユリ属●東京都調布市

山百合

ヤマユリ

時々、植物写真は本当に難しいと思う。特にヤマユリのような、人によく知られ、人の目に触れやすいものが難しい。同じものを何度も見ていれば、目はだんだんと肥えてくるものだ。そして、見たものの中で一番美しい映像だけが残る。その目で私の撮った写真を見るわけだから、撮る側としてはそれ以上のカットを押さえないといけない。

そのためには、ただひたすら歩き回り、いい株を探す。写真の株は花数が多く、つぼみもあって咲き具合は七～八分、柔らかな光線条件もいい。今まで見たヤマユリの中で、最上級のものだった。十五年ほど前に撮影したのだが、以後ヤマユリは撮っていない。つまり、この時以上の条件を満たすものに出合っていないのである。

ヤマユリは日本特産、ユリの仲間では国内最大で、花の直径は二十センチを超える。強い香りがある。

虫取り撫子

ムシトリナデシコ

ナデシコ科マンテマ属◉長野県大町市

ムシトリナデシコは、江戸末期に渡来したヨーロッパ原産の帰化植物。今では各地の河原や荒れ地などに野生化している。

用水路の縁に生えていたものを、魚眼（フィッシュアイ）レンズという、ちょっと変わったズームレンズを使って撮影してみた。こんなふうに丸くなるのは、写り込む画角が180度だから。平らな場所で、低い位置から真上に向けて撮影すると、全天が入り、さらに、周囲の地平線もぎりぎり全周に写る。あまりに画角が広いので、自分の足や三脚が写り込んでしまう失敗をしがちだ。この場合、花に十センチまで近付いて撮影した。

たまに、こういう特殊なレンズを使ってみると、人の視覚とはかけ離れているため、見慣れた花や風景とはまた違う、意外性のあるカットが撮れる。ただし、使い方によっては奇をてらった写真になってしまうので注意が必要だが。

瀞草

キヨシソウ

ユキノシタ科ユキノシタ属●北海道

キヨシソウは絶滅危惧植物。サハリン、カムチャツカなどには普通に分布するが、日本で生えているのは、北海道のごく一部の地域だけである。絶滅危惧種の中でも、危惧度が最高とされるランクに分類されている。

こういった簡単に見ることのできない植物は、植物写真家の習性で、絶対に見たくなり、どうにか探し出して撮影しようとする。だから、植物マニアの中に、希少種というだけで探し回り、掘って持って帰ろうとする人がいることは容易に想像できる。

そういうことを考えると、こうして発表することが、果たして良いのか悪いのか分からない。しかし、こんな植物もあるのだと、なるべく多くの人に知ってもらいたい気持ちもある。それは、植物写真家としての一つの義務であるとも思う。

希少という言葉が付くことで、見たことがない花を美化して想像しがちだ。期待が膨らみすぎて、実際に見てがっかりすることもある。しかし、このキヨシソウは、期待に違わずすてきな花だった。海辺の絶壁に、わずかだが点々と、へばりつくように咲いていた。直径が一センチほどの小さくて地味な花だが、高山植物に似た涼やかさがあった。

こういう生育環境では、護岸工事などされたらひとたまりもない。減少の原因には、人為的な環境の変化も大きいように思われた。

ところで、キヨシソウという、なんだか人間くさい名前に興味をひかれ、調べてみると、北海道在住の友人の本に、やはり、人名と載っていた。

鍾馗蘭

ショウキラン

ラン科ショウキラン属●長野県白馬村

この写真に何か違和感を覚えたとしたら、きっといつも植物のことをよく観察している人に違いない。そう、葉っぱがない。

ショウキランには葉緑素がない。葉をもたないので、光合成によって自ら養分をつくり出すことができない。そこで、代わりに死んだ生き物などから有機物を吸収し、栄養分としている。こういう植物を腐生《ふせい》植物といい、ラン科に多いので腐生ランともいわれる。

全国に分布する日本の特産種だが、個体数は少ない。私も四、五回見たことがあるだけである。亜高山帯の、ササが茂っている場所や林など、薄暗い場所に生えている。全体に肉厚で、花の直径は三〜四センチ、高さ十〜二十センチほど。日本の野生ランの中では、やや大型といえる。

漢字では鍾馗蘭、魔よけの神様との関連を調べてみたが、納得のいく答えはなかった。

撮影ワンポイント こうした、暗い所に生えている花を撮るときは、ストロボを使うかどうか迷うところだ。ストロボはいつも持ち歩いているが、使うことは少ない。実は苦手で、使ったとしてもうまくいったためしがないのだ。このカットはストロボを使ったかどうかの記憶がないが、不自然さがないので、使っていたとしても大成功といえよう。

サクラソウ科オカトラノオ属●山形県小国町

岡虎の尾

オカトラノオ

漢字で書くと「岡虎の尾」、写真を見ればすぐに由来が分かる。花穂が虎の尾のように長い。

オカトラノオは日本に古くから自生する花だが、そもそも、虎は日本にはいないはず。どうして、この名前が付けられたのだろう。加藤清正が朝鮮で虎退治をしたという時代には、隣国に棲む恐ろしい動物として、虎が紹介されていた。しかし実は、すでに平安時代に、朝鮮半島と交易があり、渡来した虎の絵や毛皮などから、虎はおなじみの動物であったようだ。

この花をよく観察すると、垂れ下がるように咲いた十五センチほどの花穂の先端が、微妙に上を向いているのが分かる。絵の中の虎や張り子の虎も、尾の先がちょっと上を向いている。命名者はその感じから連想したとみえる。

トラノオと付くものは他にも多い。同じサクラソウ科ではヌマトラノオ、サワトラノオ。タデ科にハルトラノオ、イブキトラノオがあり、ゴマノハグサ科にはヒメトラノオがある。どの花も尾状に細長いというだけで名付けられたようだ。

オカトラノオは地下茎で増えるため、写真のようによく群生する。花の際立つ白さは清々しい。また、同じ方向にそろって頭をたれているのはユーモラスでもあり、恐ろしげな虎のイメージはどこにもない。

丘陵地の日当たりの良い草地に生える。日本全土に分布するが、どこでも見られるほど多いわけでもない。秋には美しい色合いに紅葉するが、これは案外、知られていないようだ。

綿菅 ワタスゲ

［別名／スズメノケヤリ］

カヤツリグサ科ワタスゲ属●群馬県尾瀬ヶ原

前夜久しぶりに深酒をしたせいか、寝床から出るのがおっくうだった。それでも、いつものように龍宮小屋の窓から外を見渡すと、夜が明けたばかりの尾瀬ヶ原には、乳白色の霧がゆったりと流れていた。時折、切れ間からレンゲツツジの赤い花が見え隠れする。

ワタスゲにとって絶好の撮影条件である。これでは起きないわけにはいかない。夜露が付きすぎると、白いふわふわした綿毛も、濡れねずみのようになってしまうからである。この年は当たり年らしく、尾瀬のあちこちでワタスゲの群生が見られたのだった。

目星を付けておいた群生地に着くと、予想通り、ほどよく細かな霧が綿毛をやさしくおおっていた。小屋を出るのが遅れたのが良かったのか、ちょうど山の端から太陽がのぞき、逆光が綿毛を包んできらきらと光っていた。

撮影ワンポイント 六月とはいえ、早朝の尾瀬は予想以上に冷え込んで寒い。夜露に濡れた木道は滑りやすく、三脚も思うように固定できない。それなのに、ガスが濃くなったり薄くなったりで、周囲の様子がめまぐるしく変化する。こうしたときは、あまりバタバタと動き回らず、目標を定めたら一カ所でじっくりと腰を据え、被写体と向き合うことをお勧めする。そのためにも、しっかりとした防寒具が必須だ。

三柏・三槲

ミツガシワ

夕焼けに染まる至仏山《しぶつさん》を撮ろうと、木道に三脚を立て、じっと待っていた。午後七時、一瞬山はほんのりと赤くなったが、それで終わり。すぐに、辺りが夕闇に包まれ始めた。半ばやけになって、一枚だけシャッターを押した。

東京に戻り、現像（データ加工）をしてみると、肉眼ではもうほとんど見えなくなっていたミツガシワの花が、ちゃんと写っていた。それがこの写真である。同じように、霜の降りた早朝に薄暗い中で撮った、凍り付いたチングルマやショウジョウバカマの花も、きれいに発色していた。まだ、デジタルカメラを使い始めたばかりの試行錯誤の時期で、何か面白いものを見つけたような気分になった。

ミツガシワは梅雨のさなかに満開を迎える。登山者の少ないこの季節、静かな木道の脇で、純白の清楚な花が一番美しい姿を見せているのである。

撮影ワンポイント デジタルカメラが出た当初は、写真の出来上がりについて、いまひとつ信頼できず、手を出さずにいたが、二〇〇五年、フルサイズのボディが発売されたのを機に購入した。それでも購入後二年間ほどは、戸棚の中で眠っていた。雑誌などの紙媒体で使われた作品を見ていると、少しずつ発色が安定してきて、使ってみようという気になり、本格的に使い出したのが、このカットを撮ったあたりからである。

ミツガシワ科ミツガシワ属●群馬県尾瀬ヶ原

柳蘭　ヤナギラン

アカバナ科アカバナ属◉長野県大町市

雲一つない快晴の日に、日陰に咲く花を撮影したら、真っ青な写真が出来上がってしまった。こんな失敗は、誰しも一度は経験していることと思う。

『アサヒカメラ』の読者の方々に「色温度」の講釈はよけいなお世話だろう。詳しい説明は省くが、撮影時の光線を見極めるのは難しい。青みが強いのか、それとも赤いのか、そして、その程度は。なぜなら、人間の目には、例えば実際には相当青みのある光線でも、それを自動的に補正して、バランスの取れた光線に見せる能力が備わっているらしいのだ。

色温度は、朝、昼、夕方などの時間帯、晴れ、雨、曇り、雪などの天候、また、海辺、高山、樹林下など、撮影時の条件によって大きく変わる。そして、この色温度の違いが発色の違いをもたらす。どの条件下でどういう色が出るか、正確に予測できるようになるには、経験を重ねるしかない。

しかし時として、現像してみたら、予想もしていなかった良い発色を得た、などということもある。これは、撮影時に色温度の調整ができるデジタルカメラでは味わえない、フィルムカメラの面白さといえよう。だから、どんな光線でも失敗を恐れず、とにかくシャッターを押してみるのである。

曇天の夕方、この花を撮影するには暗すぎると思ったが、背景の雲の動きが速く、変化していくのが面白かった。日没寸前まで粘って撮った一枚。

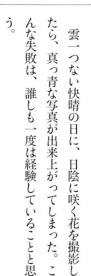

野花菖蒲　ノハナショウブ

アヤメ科アヤメ属◉青森県中泊町

ノハナショウブに出合ったのは、もう夕方近い時間だった。広い草原のあちこちで赤紫色の小さな群落をつくっていた。迷ったが、車の中で寝ることにした。能代からの海岸線を、撮影しながらゆっくりと北上して、津軽半島の龍飛崎まで来ていた。この日で車中泊は三日目だった。

過疎地への旅には慣れているが、この辺りの静かさは尋常ではない。三日間というもの、まともに人と話をしていなかった。

翌朝、誰もいない草原でこの花を撮った。撮影を終えて一息つき、朝食のラーメンをすすっていたら、突然東京へ帰りたくなった。そして、そのまま一目散に東京へ戻ってしまった。

この時の写真はうまく撮れていたが、見るたびに、その朝のなんともいえないわびしさが思い出される。

ノハナショウブは栽培品種ハナショウブの原種である。

撮影ワンポイント　花弁の大きな花、例えば、シラネアオイやユリの仲間、そして、このアヤメの仲間などは、夕方になるとどこかくたびれて見える。午前中に見るのと夕方に見るのとでは、あきらかに様子が違う。こちらも負けずにくたびれているからか、花も同じように一日を過ごして疲れているように思える。だから、どこに出かけても、可能な限り、早朝の撮影を大切にしている。たとえ、それが小さな花だとしても、私には朝方の方が元気いっぱいに見えるからである。

白根葵

シラネアオイ

シラネアオイ科シラネアオイ属●長野県白馬岳

植物の写真を撮り始めて三十年以上になるが、その間フィルムの質は大きく向上した。

例えばこの写真のように、濃霧におおわれた薄暗い天候下で撮影していれば、以前なら必ず「こんな天気でも写るんですか?」と問われたものだ。当時の色再現性を考えれば、使い方によっては最悪の結果を招いたので、無理もない質問だったと思う。

現像システムの変更やら、新しい種類のフィルムが次々に出るなど、そのたびに対応を強いられ、ようやくこの十年ほどは、安心して使えるようになった。色温度の変化に強く、解像度は上がり、質、使い勝手とも今のフィルムに文句はほとんどない。

と思っていたのだが、つい最近、二十年以上前に撮影したフィルムを見て驚いた。私の求める「自然な色合い」が、そこにあったのである。

もちろん、これはまれな例だ。しかし、ツボにはまったときは、今より素晴らしい色再現を見せていた証拠でもある。

人間の目はいい加減なもので、見慣れると、それに妥協してしまうらしい。最近デジタルカメラを使い始めたが、その発色にはどうもついていけないものを感じている。しかし、これにもやがて慣れてしまうのだろうか。

霧が出ているときは、上空の天気や霧の濃さによって、色温度は微妙に変化する。この時は、わずかな切れ間から時折明るい光がかいま見えるという好条件に恵まれた。

黄花の敦盛草

キバナノアツモリソウ

ラン科アツモリソウ属●山梨県櫛形山

この変わった形の花は直径三〜四センチほど、アツモリソウの仲間では小ぶりな方だ。

初めて出合ったのは三十五年ほど前。写真家の故冨成忠夫の助手をしていたときで、画家でもある師匠が、この花の造形に強く興味をもち、いつまでもその場を離れなかったのを覚えている。その頃は、探し回ることなく、登山道脇で見ることができた。

それから同じ場所へ何度か通ったが、年々数が減っていき、今ではまったく見られなくなってしまった。ユニークな植物は盗掘の危険にさらされることが多く、訪ねるときは、期待と同時にいやな予感もして気が重い。根こそぎ消えていた、ということも少なくないからだ。

これだけ際立った姿なのに、草むらに咲いていると不思議と目立たない。写真の株も他の花を撮影中、足元に見つけたもの。絶滅危惧種に指定されている。

撮影ワンポイント 山中の深い森を長い間歩くことが想定されるときは、できるだけ荷物を小さく軽くするようにしている。このような希少植物を探しながらの場合はなおさらである。荷を減らした分だけ、歩き回る範囲が広がる。弁当、水の量、レンズの本数、そしてフィルムの時代は、フィルムの数などなど。海外などの長期取材に出かけるときも同じで、その都度迷いながらザックの中身を決める。

水木賊　ミズドクサ

トクサ科トクサ属●群馬県尾瀬ヶ原

　七月半ば、どこに撮影に行こうかといつも迷う。高山では早咲きの花が咲き始めており、残雪が少ない年ならば、すでにあちこちで色とりどりのお花畑が展開しているはずである。しかし、梅雨の終わりの長雨が怖い。悪天で山小屋に何日も足止めされた経験が幾度もあるからである。

　ならば梅雨明けを待てばいいのだが、天候が安定すれば登山シーズンが始まり、最も苦手とする混雑が始まってしまう。

　そんな時、決まって出かけていくのが尾瀬である。大湿原の広がる尾瀬に雨はよく似合う。木道を歩いていても、人と出会うのはまれだ。人気の「下《しも》ノ《の》大堀《おおほり》」で、橋の上に三脚を立てられるのもこの時期しかない。写真を撮ったのは雨上がりの早朝、曇り空を映した水面の色が印象的だった。ミズドクサはシダ植物で、スギナ（ツクシ）と同じ仲間である。

子鬼百合　コオニユリ──❶

ユリ科ユリ属●群馬県尾瀬ヶ原

かつて数え切れないほど尾瀬に通い、二冊の本も出した。季節の大半を尾瀬で過ごしたこともある。最近は、しばらく行かないでいると、なんだか気になり、目的もなくふらっと出かけていく。

定宿は尾瀬ヶ原の真ん中にある龍宮小屋。入山のパターンはいつも同じで、鳩待峠を午後二時頃に歩き出し、撮影をしながら夕食ぎりぎりの時間に小屋へ入る。夕方の木道は涼しく、日中の混雑が嘘のように静かだ。

尾瀬ヶ原で集中して撮影するもう一つの時間帯が朝食前。夜明けとともに外へ出ると、周辺は晴れた日なら一時間ほど薄いガスにおおわれている。この写真は、ガスが上がりかけ、朝露をまとったコオニユリが逆光に輝いた瞬間。

尾瀬はこの年コオニユリの当たり年で、あちこちで群生が見られた。季節、場所が同じでも、植物の咲きざまはその都度違うのである。

子鬼百合

コオニユリ──❷

ユリ科ユリ属◉群馬県尾瀬ヶ原

尾瀬は、私が大切にしている大好きな撮影拠点のひとつだ。

四県にまたがる広大な国立公園である尾瀬は、変化に富んだ環境に恵まれ、多様な植物が生育している。季節が変われば、それに合わせるように、次から次へと違う花が咲く。いつ行っても、何かしら花が咲いているのである。

しかも、それが毎年同じように咲くわけではない。例えば、春一番に花を咲かせるミズバショウは、雪解けの様子で開花期が半月ずれるくらいは当たり前で、咲き具合まで変わってくる。ワタスゲの実やニッコウキスゲの花には、数年に一度の当たり年があり、その時には、ここぞとばかりの大群生を見せるのである。

同じ風景を見ようと、翌年期待して行ってもだめだ。同じ時期に同じ場所に行ったとしても、同じものは決して見られない。これが、尾瀬の魅力である。行けば必ず、いつも違う面を見せてくれる。飽きさせないのである。

この写真を撮ったのは、コオニユリとコバギボウシで、湿原がオレンジ色と薄紫色に染まるほどの大当たりの年だった。尾瀬沼から尾瀬ヶ原にかけての湿原では、あちこちでオレンジ色と薄紫色の群落ができていた。コオニユリの写真は何度も撮っているのだが、このような好条件を横目に見て通り過ぎるのは難しい。とにかくシャッターを押しておかないと、必ず後悔することになるからだ。花弁に朝露がたくさん付いていたのが、とりわけ美しく見えた。

白山小桜

ハクサンコザクラ

サクラソウ科サクラソウ属●長野県白馬岳

山にいると、いろいろな動物と出合う。あまり遭いたくないのが熊である。これは白馬岳で出くわした熊の話。ただし、私はすれ違っただけだが。

白馬山系のある稜線を歩いていたときのこと、はるか下の方に大きな雪田が見えた。周囲がピンク色に染まっている。お花畑のようだ。行ってみようということになった。

下りきると、一面にハクサンコザクラが群生していた。しかし、気付くとそこらじゅうに熊の糞が落ちている。古いのから新しいものまで。そして、一帯には強い獣臭が漂っていた。

熊も、真っ昼間からは活動しないだろうと思ったが、あまり気持ちのいいものではない。撮影しながら少しずつ元の稜線まで戻ることにした。

小さなV字状の谷にさしかかったとき、ふっと、上が気になった。助手のTに縁まで上がって様子を見てもらうことにした。登り切った彼の姿が固まった。次の瞬間、「熊です」と言うが早いか、Tは私の横をすり抜けて走り去っていった。

師匠を捨てて逃げた言い訳はこうである。縁から顔が出たとたん、三メートルの至近距離で、熊と目が合ったという。熊は、以前私も一緒に遭遇した大雪山《たいせつざん》のヒグマに負けないくらい、大きかったというのだ。本州のツキノワグマは、普通ヒグマの半分ほどしかない。実際、高山にまで登ってくるツキノワグマは、かなりの大きさになるらしいが、見ていないのでなんとも言えない。本当をいえば、私も見てみたかった。

岩弁慶

イワベンケイ

ベンケイソウ科キリンソウ属●山梨県北岳

写真を撮ったのは、日本第二の高峰北岳。標高三千メートル近い風当たりの強い稜線で、岩の隙間に根を下ろしていた。花の株は直径三十センチほど、ベンケイソウ科には珍しい雌雄異株《しゆういしゅ》で、これは雄株である。

この花は梅雨の頃咲くので、時には雨に降られながらの登山になる。しかし、この季節の山登りは嫌いではない。人が少なくて静かだし、開花期の早い花たちの新鮮な姿を楽しむことができるからだ。この時も、チョウノスケソウやキタダケソウ、オヤマノエンドウやイワウメなどの花が咲いていた。

ベンケイソウ科の植物の多くは、岩場や礫地、河原などの乾燥した場所に生える。そのため、葉や茎は水を蓄えるため厚く肉質である。多少しおれてもよみがえる。過酷な環境に負けないそんなタフなイメージから、弁慶の名が付けられたという。

撮影ワンポイント 当然のことだが、高山植物を撮るには、高山に足で登らなくてはならない。私の場合、軽快に、より広範囲に歩き回れるよう、最小限の重さに撮影機材を絞る。カメラボディ一台、レンズは三本と少なめである。カメラが故障したらどうするのか、とよく聞かれるが、その時は、出発地の車中にあるスペアのカメラを取りに下山するまでである。幸いなことに、今まで取りに戻ったことはない。今のカメラは、慎重に扱えば故障することはほとんどない。

色丹草

シコタンソウ

ユキノシタ科ユキノシタ属●長野県白馬岳

梅雨明けの七月下旬、九二頁のショウジョウバカマを撮影した一カ月後、白馬尻よりさらに上、白馬岳山頂を目指す。

大雪渓を残雪を踏みしめて登ること二時間、さらに急峻な岩稜を一時間ほど進むと、草原状のお花畑に出る。ここから稜線までは、二時間ほどのコースタイムだ。しかし、白馬岳は日本屈指といえる高山植物の宝庫。花の種類が多く、あちこち撮影しながら登るので、いくら時間があっても足りないほどだ。

稜線へたどり着くと、真正面に聳《そび》えるピラミッド形の剱岳《つるぎだけ》が美しい。頬に当たる冷たい風が心地良く感じる。稜線から山頂にかけては、砂礫地と岩稜が続く。植物たちが生きていくには厳しい環境だ。それでも、タカネシオガマ、ウルップソウ、タカネツメクサなどが、それぞれ自分の場所を選び、互いにテリトリーを守って棲み分けている。

シコタンソウは、岩場のわずかな隙間を居場所と決め、痩せ尾根上に生えていた。足元は断崖絶壁。背景に雪山を入れたくて、限界まで近付いて撮影した。赤はタカネシオガマ、黄はミヤマキンバイ（左上）とイワベンケイ（右上）。

撮影ワンポイント 高山植物を撮影するのが目的の山行の場合、機材をシンプルにして、荷物は軽くした方が良い。重くて撮影前にばてててしまったらつまらない。このシコタンソウのように足場が悪くて危険な場所に生えている花を撮る場合、動きの軽やかさも重要なポイントだ。

小梅蕙草

［別名／コバイケイ］

コバイケイソウ

草丈が、五十センチから一メートルにもなる大型の花が、山の稜線に広がっている。コバイケイソウは日本特産の植物で、高山では開けた草地や湿った雪田などに、時として大群落をつくる。

実はこの「時として」が曲者で、この花には当たり年というものがある。当たりがあれば外れもあるわけで、前の年に見事な大群落を見たからと、翌年同じ場所に行ってみると、葉っぱだけが青々と茂り、「がっかり」といったことがよく起こる。この大群生は四～五年ごとに突如出現する。大きな穂状の花は一～一・五センチの小さな花がたくさん集まってできている。これだけ大きな花を咲かせるには、相当体力を消耗するとみえる。毎年咲かせる体力はないらしい。次に咲かせるまで、十分な休養が必要なのだろう。

写真は白馬岳の北東、小蓮華山《これんげさん》の標高二千七百メートル付近、幸運にも大当たりの年にぶつかった。こんな高い場所でのこのような群生は珍しい。

和名の小梅蕙草の「蕙」という字が気になり、植物に関する本を片っ端から調べてみた。すると、ラン科のシンビジウムの葉を「蕙蘭」といい、『万葉集』にシランを意味する「蕙」を詠み込んだ歌がある、というところまでたどり着いた。なるほど、シランの葉は大きくて、縦じわのようなくっきりとした葉脈があり、コバイケイソウの葉によく似ている。つまり、この名前は、すでに古く万葉の時代には名付けられていたらしい。

ユリ科シュロソウ属●長野県小蓮華山

深山薄雪草

［別名／ヒナウスユキソウ］

ミヤマウスユキソウ

キク科ウスユキソウ属●山形県朝日連峰

純白の清楚な花は、ヨーロッパではエーデルワイスの名で知られている。

日本でも仲間が十種ほど見られる。どれもよく似ているので、見分けがつきにくいのだが、それぞれが各地の山域ごとに棲み分けているので、種名を特定するのはそう難しいことではない。

その中で最も分布域が広いのが、このミヤマウスユキソウ。東北地方の秋田駒ヶ岳、焼石岳、鳥海山、月山、飯豊・朝日連峰までまたがっており、群落の規模も一番大きい。朝日連峰では、稜線を白く埋め尽くすほどの大群落が見られる。見頃は梅雨時の六月下旬から七月上旬、登山シーズンが始まってからの七月中旬頃でも花は咲いてはいるが、その頃になると、中心の黄色いしべが茶色くなり、苞葉《ほうよう》（花弁のように見える白い綿毛が密生した部分のことで、葉が変化したもの）は微妙に下に向き、少々だらしのない格好になってしまっている。

七月上旬、新鮮な花が見たくて、雨に濡れながら朝日連峰に登った。稜線にたどり着いてからも雨が降りやまず、三日間無人小屋に閉じ込められた。ようやく晴れた日の、ミヤマウスユキソウの大群落の美しさは格別だった。

梅雨の頃は登山者が少ない。この写真を撮ったときも、出会ったのはほんの数人で、夏山の喧噪が想像できない静けさだった。

これだけの大群生をほとんど独り占めしているようなとき、この仕事をしていて良かったと心から思い、また続けていく力が湧いてくるのである。

早池峰薄雪草

ハヤチネウスユキソウ

キク科ウスユキソウ属●岩手県早池峰山

この花を見るためだけに、早池峰山へ五、六回は登っただろうか。一つの花に思い入れをもつことのない私としては例外といえる。多分、初めて見たときの印象が、あまりに強かったからだ。

濃い霧に包まれた早池峰山の稜線で、わずかな岩の隙間に根を下ろし、二輪ほどの花がひっそりと咲いていた。白い綿毛にびっしりと水滴をまとった姿には、侵しがたい雰囲気があった。撮影条件がいいとはいえなかったが、その花は、私にとって初めての高山植物の本の表紙となった。三十年も前のことである。

その時の絵柄を思い描き、山頂を踏むのだが、いまだにそれ以上の株に出合えないでいる。

ハヤチネウスユキソウは、日本のウスユキソウの仲間の中でも綿毛が多く、大柄で「最も美しい」と言ってもいい。早池峰山の特産種である。

ヨーロッパのエーデルワイスに最も近い種類とされている。

大平薄雪草

オオヒラウスユキソウ

キク科ウスユキソウ属●北海道大平山

この写真には怖い思い出がある。

オオヒラウスユキソウの撮影で大平山《おおびらやま》に登ったときのこと。ガスのかかった山頂付近を一人で歩き回っているうち、やぶこぎになり、そして突然、方向を失った。ハイマツの中を三十分ほど泳ぐように歩いたが、抜け出す場所が見つからない。登山者がほとんど登らない山なので、人の気配もまったくない。不安に駆られ始めたとき、娘とTの声が聞こえた。迷っているうち、偶然元いた場所の近くへ戻ったようだった。

当時、まだ中学生だった娘の夏休みに合わせ、助手のTと三人、仕事と遊びを兼ねて、十日間ほど、北海道の山々と海辺を巡っている途中だった。二十五年も前のことである。

エーデルワイスの仲間で、開花期は八月。北海道の崕山《きりぎしやま》と大平山の石灰岩の岩場にのみ、ごくわずか見られる。

黄花塩竈

キバナシオガマ

ゴマノハグサ科シオガマギク属●北海道大雪山

この花が生えるのは、風通しの良い岩混じりの草原。群れることなく点々と咲いている。私の大好きな高山植物である。

花びらの先端のチョコレート色のワンポイントや、シダを思わせる羽状複葉はとてもしゃれている。この花を見るとつい足を止めてしまう。背景に雪を入れたり、山肌を写し込んだりと、絵にもしやすいからである。

北海道大雪《たいせつ》山系の特産種。北アルプス白馬岳での採集記録があり、登ると探してみるのだが、いまだに見たことがない。

それが一昨年、ネパールに行ったとき、標高五千メートルのヒマラヤ山中で、ほぼ同じものを見た。このように、遠く離れていても、高地で似たようなものが生えていることはよくある。高山植物はもともと、北半球の北辺に共通の先祖をつ。氷河期の繰り返しを経る中で、移動してきたのである。

アポイ鍬形

アポイクワガタ

ゴマノハグサ科クワガタソウ属●北海道アポイ岳

北海道を長期取材するとき、必ず一度は登ることにしているのがアポイ岳。標高八一〇メートルの小さな山だが、この山にしか見られない特産種が多いからである。

写真に写っているガラガラとした石、これは超塩基性のかんらん岩といい、上部の尾根筋はこの特殊な地質からできている。この地質が普通の植物を遠ざけ、代わりにアポイクワガタをはじめとする特産種を多く育んでいる。

登る理由はそれだけではない。ゆったりとしたペースで日帰りができ、景色も良く、登山の対象としても面白い。知人にもよく会う。同業の友人にばったりはさほど驚かなかったが、東京に住む親戚の山好き夫婦に声をかけられたときは、本当にびっくりしてしまった。

アポイの名前が付く特産種には他に、アポイアズマギク、アポイツメクサ、アポイカンバ、アポイカラマツなどがある。

利尻雛罌粟

リシリヒナゲシ

ケシ科ケシ属●北海道利尻山

　これだけ長く植物の写真を撮っていても、初めて見る花を訪ねるときは、わくわくする。また、目的の花は見つかるだろうか、咲いているだろうか、と心配にもなるのである。

　花によっては、咲いている場所にたどり着くまで時間がかかったり、体力がないと行けないこともある。また、目的地に着いたとしても、目当ての植物に簡単に出合えるとも限らない。

　例えばこのリシリヒナゲシ。利尻山の特産種で、絶滅危惧種でもある。咲いているのは、北海道利尻島の、利尻山上部だけである。利尻山は標高一七二一メートル。頂上を目指すには、海辺近くから登り始めなくてはならないのだ。

　この山に登ったのは、今より体力的に余裕のあった二十年前のこと。早朝に出発して、途中でこの花を見つけて撮影し、さらに山頂の岩場では、もっと珍しいベニシオガマも撮影するという幸運に恵まれた。さすがに、その日のうちには下山できず、避難小屋に一泊することになったが。

　リシリヒナゲシは、頂上が近付いた辺りから、ぽつぽつと現れ出した。が、被写体としてはいまひとつ。いったん休憩を取ろうと、小用のために岩場を回り込んだら、その岩陰に隠れるように、一列に並んで咲いていた。それがこの写真である。

　世界には百種ほどケシ属の花があるが、日本ではリシリヒナゲシが唯一のケシ科ケシ属の花。丈の高さは十〜二十センチ。直径三センチほどの透けるような黄色い花は、赤茶色の礫地に映え、ひときわ華やかに見えた。

紅塩竈

［別名／リシリシオガマ］

ベニシオガマ

ゴマノハグサ科シオガマギク属●北海道利尻山

前頁のリシリヒナゲシの撮影行で、もしかしたら、こちらにも出合えるかもしれないと期待していたベニシオガマである。

長い間、目撃の記録が絶えていたのが、友人の植物写真家N氏が一九八三年に再発見した、いわば「幻の植物」だ。利尻山の山頂付近、それも岩場だけに生え、個体数も数えるほどしかない。かなり達者な山男であるN氏が、過去のデータを頼りに、山頂付近の岩場を何年もかけて入念に探した結果、見つけたのである。そんな貴重な花に簡単に出合えるとは、もちろん思っていなかった。

N氏の情報に加え、北海道在住の植物写真家U氏からも、咲いていそうな場所を教えてもらっていた。山頂付近の岩場を、同行の助手と手分けして隈なく探したが見つからない。あきらめかけたその瞬間、目の端が赤いものをとらえたのである。「見つけた！」しかし同時に、「まずいものを見てしまった」とも思った。目の前は逆層の一枚岩で、それが微妙な角度で谷へ落ちている。その傾斜した岩盤の向こうに咲いていたのである。しかし、ここまで来て撮影しないわけにはいかない。助手Tの、頼むからやめてください、と叫ぶ声を背に、素足になって這いずるように下りていった。

間近で見ると、花は高さ十センチほど、人を引きつけてやまない、危険な魅力をはらむ鮮やかな深紅色をしていた。

それ以来、利尻山には登っていない。もし、また同じ状況になったらどうするだろう。今度は、安全に戻ることができるか自信がない。

千島桔梗

チシマギキョウ

キキョウ科ホタルブクロ属●長野県白馬岳

チシマギキョウが白馬岳山頂を背景に、新鮮な花を咲かせている。稜線は快晴だが、高山の天候に特有のガスが噴き上がっている。チシマギキョウとしては珍しく大きな株、生えている場所は典型的な岩礫地、満点の撮影条件。後はシャッターを押すだけだ。

写真が仕上がってみると、なんだか納得できない思いが残る。条件がそろいすぎているのだ。例えば株が貧弱だったり、雨が降っていたり、撮影条件が悪ければ、なんとか工夫をして一枚の絵にしようとする。そこに、オリジナリティーのようなものが出てくる。つくづく写真は難しいと思う。

十センチ足らずの背丈に、長さ四センチほどの花を咲かせる。同じような環境に、よく似たイワギキョウも生えているが、チシマギキョウの方は花冠の先端に毛が生えており、いくぶんふっくらした感じなので、見分けることができる。

高嶺撫子

タカネナデシコ

ナデシコ科ナデシコ属◉群馬県至仏山

梅雨が明け、夏休みになり、高山植物が最盛期を迎えた。尾瀬ヶ原の木道は登山者であふれかえっている。そんな混雑を避けて至仏山《しぶつさん》に登った。

至仏山の山頂付近には、蛇紋岩という特殊な岩がゴロゴロと露出している。岩質には一般的な植物が生育しにくい成分が含まれているため、ここと、同じ環境の谷川岳でしか見られない希少植物たちに出合うことができる。ホソバヒナウスユキソウ、オゼソウ、シブツアサツキなどである。

尾根筋で、風に吹かれているタカネナデシコを見つけた。この花は高山では割合普通に見られるが、風当たりの強い礫地など、厳しい場所を選んで生える。花びらが少し疲れていたが、咲き始めたばかりの初々しさが感じられた。

夕方近く、尾瀬ヶ原へ下ると、ニッコウキスゲで黄色く染まった原に人の姿はなかった。

深山紫

ミヤマムラサキ

ムラサキ科ミヤマムラサキ属●山梨県北岳

北岳は大好きな山で、花の季節だけでも十回以上は登っている。そしてそのたびに、岩の割れ目に咲くミヤマムラサキの花を撮影してきた。稜線の南東斜面を横切るトラバース道は、山頂を経ずに北岳山荘へ行ける近道。岩場につくられた道は、急傾斜で足元が悪いが、周辺は花の宝庫である。じっくりと撮影するために、いつも登山者の少ない夕方か早朝に、ここを通るように決めている。

同じ花を何度も撮るのは、納得できる写真がなかなかできないからだ。ミヤマムラサキの淡いコバルトブルーが、フィルム上で白っぽくなってしまって、思ったような発色が得られないのである。

この時は、咲いている花の数こそ少なかったが、咲き始めたばかりで新鮮な、いつもより濃いめの空色を見せていた。上部のミヤマウイキョウの細かく切れ込んだ葉が、画面に変化をつけてくれた。

黄花石楠花

キバナシャクナゲ

ツツジ科ツツジ属◉山梨県北岳

ずーっと昔、まだ助手をしていた頃、師匠の故冨成忠夫に頼まれて、この花を撮りに行ったことがある。「大判カメラで風景も入れ、大きく使えるカットを」との指示だった。

キバナシャクナゲの花が満開となるのは梅雨時である。カメラにテントと食料も加わった重いザックを背負い、雨が降る中、中央アルプスに登った。季節外れの台風もやってきて、ようやく天候が回復したのは四日目の朝だった。そうして撮影することはできたのだが、結局、その写真が師匠の本に使われることはなかった。

どんな絵柄だったのか、今となっては思い出せない。ただ、使えない写真を撮ってきたという悔いが、いつまでも残った。

以来、この花を前にすると、妙に力が入ってしまう。写真は稜線近く、雨が降りそうな気配に慌てて撮影。曇天がよく似合う。

白山石楠花　ハクサンシャクナゲ

ツツジ科ツツジ属◉長野県白馬岳

この写真を撮影した頃は、毎年のように、七月中旬の梅雨明けを待っては白馬岳へ登っていた。白馬岳は花の種類が多く、生育環境も変化に富んでいる。残雪の縁、ハイマツの下、草原や岩場などに、さまざまな高山植物が咲き、お花畑をつくっている。また、同じ時期同じ場所に通っても、高山植物の開花はその年の雨や残雪量、気温などで変化するので、違った花が見られる面白さがある。

この年はハクサンシャクナゲの当たり年だった。中でも、白馬大池周辺の大岩がゴロゴロしている登山道の脇のハイマツの間で、花を咲かせている姿が目をひいた。

ハクサンシャクナゲは北海道、本州中部以北の亜高山から高山帯と四国の石鎚山《いしづちさん》に分布し、樹林帯では高さ二〜三メートルになる。高山帯では丈は一メートルほどで、写真のように、這うように枝を横に伸ばしている。

小岩鏡 コイワカガミ

イワウメ科イワカガミ属◉山梨県北岳

梅雨の晴れ間、高山の岩棚でコイワカガミが可愛らしい花をたくさん咲かせていた。イワベンケイ、オヤマノエンドウ、キバナシャクナゲなど、開花期の早い他の花たちも咲き始めの新鮮な姿を見せていた。

高山植物の撮影がうまくいくかどうかは、シャッターを押す以前のさまざまなことにかかっている。重い機材を背負っての山登り、体力を使い果たしたのでは、いい写真は撮れない。登っても、目的の花が必ず咲いているとは限らない。高山では、その年々の気象条件、残雪の量などによって開花期が変わるからである。梅雨時に咲く花の場合は、天候を見誤ると、まったく撮影できないということも起こりうる。

写真のコイワカガミは、これらの条件をクリアできて出合えたもの。長さ一・五〜二センチほどの花を横向きに咲かせ、丸みのある葉がつやつやと光っている。

駒草

コマクサ

ケシ科コマクサ属●北海道大雪山

五十代に入り、山に登る回数が減って、そろそろ卒業かと思い始めた頃、高山植物の決定版を出さないかという話があった。

もともと写真の仕事を始めたのは、山の中に身を置く時間が欲しかったから。それが、三十代、四十代と忙しくなるにつれて、いつのまにか写真を撮るために山へ登る、というようになってしまっていた。この企画は、初心に戻るいい機会ではないかと考えた。そして、時間をかけ、山を楽しみながらじっくりと取材することを心がけた。

それを一番実行できたのが北海道の山々。人も少なく、ゆったりとした山歩きと撮影ができた。

コマクサは、風当たりの強い稜線近くのガラガラとした礫地に咲く。よく大群落をつくっている。北海道の山で見られるコマクサは、本州のものより花の色の赤みが強く、見栄えがする。

千島金鈴花

［別名／タカネオミナエシ］

チシマキンレイカ

オミナエシ科オミナエシ属●北海道大雪山

長い間日本全国を撮り歩いているうちに、各地に友人や知人がたくさんできた。花の撮影では、生えている場所や開花情報を教えてもらったり、山の様子を聞いたり、時には案内してもらったり、泊めてもらったり、いろいろとお世話になることが多い。

友人が地方に移り住むこともある。北海道在住の写真家Oはそんな一人。ある夏、彼の家を基地にさせてもらい、大雪山《たいせつざん》へ登る計画を立てた。単独で行くつもりが、彼も同行してくれることになり、さらには、以前彼の助手をしていたH君が、目的地の山小屋の小屋番をしていて、便宜をはかってくれるという。こんなふうに私はさまざまな形で人に助けられて仕事を続けているのである。

この写真は、ヒグマが徘徊することで知られている高根ヶ原の稜線で、びくびくしながら撮影したもの。

沢桔梗

サワギキョウ——❶

キキョウ科ミゾカクシ属●群馬県尾瀬ヶ原

前頁のチシマキンレイカは、ヒグマが徘徊する場所での撮影だったが、今度はツキノワグマの目撃例が多い、尾瀬ヶ原、龍宮小屋から長沢へ続く木道の終点辺りでの撮影。

別に好んで熊が出そうな場所を選んでいるわけではない。人けの少ない場所での撮影を選ぶとそういうことになってしまう。熊にはもちろん遭遇したくない。だが、ちょっぴり会いたいような気もする。しかし夜明け前、誰もいない薄暗い中での撮影はやっぱり落ち着かない。手をたたいたり大声を出したり、大騒ぎしながら被写体に焦点を合わせた。

短い間に四季が巡る尾瀬では、八月の湿原にサワギキョウが咲き始めると急に秋めく。この時は、朝露に濡れたサワギキョウをねらったのだが、コオニユリや薄紫色のコバギボウシも同一画面に撮り込むことができた。

沢桔梗

サワギキョウ——❷

キキョウ科ミゾカクシ属●群馬県尾瀬ヶ原

八月に入って、ニッコウキスゲが咲き終わると、木道を行き交う登山者の数が急に減り、お盆までのほんのいっとき、尾瀬は静けさを取り戻す。そして、この時期、尾瀬ヶ原は初秋の花で彩られる。

龍宮小屋の周辺では、薄紫色のコバギボウシや、オレンジ色のコオニユリの花が咲いている。木道のすぐ脇では、ミズギクが黄色い花を咲かせている。種類は多くないが、見栄えのいい花たちが、競い合うかのように花盛りである。

濃霧におおわれたある早朝、いつもの場所へと急いだ。メインルートを外れた小さな湿地には、木道を挟んで、紅色のオゼヌマアザミと、このサワギキョウの花が咲いていた。普段は熊の足跡が気になる場所だが、この朝は熊がやってきた気配はない。風もなく、誰もいない。聞こえるはずはないのに、霧が流れる音がかすかに聞こえたような気がした。身動きさえはばかられる静けさの中で、シャッター音がことさら大きく響いた。

小葉擬宝珠

コバギボウシ

ユリ科ギボウシ属●群馬県尾瀬ヶ原

八月半ば過ぎ、夏の喧噪であふれかえっていた尾瀬ヶ原に静けさが戻る。お目当てのニッコウキスゲも咲き終わり、登山客の訪れも一段落した。

湿原には早くも秋の気配が漂い始め、コバギボウシの花があちこちに控えめな群落をつくる。

濃霧におおわれる早朝、木道を一時間ほどかけて歩く。長年尾瀬に通っている私にとって一番好きな、そして、充実した撮影ができる時間帯だ。

静まりかえった湿原には、コオニユリやサワギキョウも新鮮な花を咲かせている。

木道のすぐ脇で、この花が朝霧をまとって咲いていた。まったくの無風の中、微動だにせず立っている。昼間は、太陽を浴びてうんざりした体でうなだれているのに、この瞬間は生気にあふれ、凛とした美しさがあった。

雄宝香

オタカラコウ

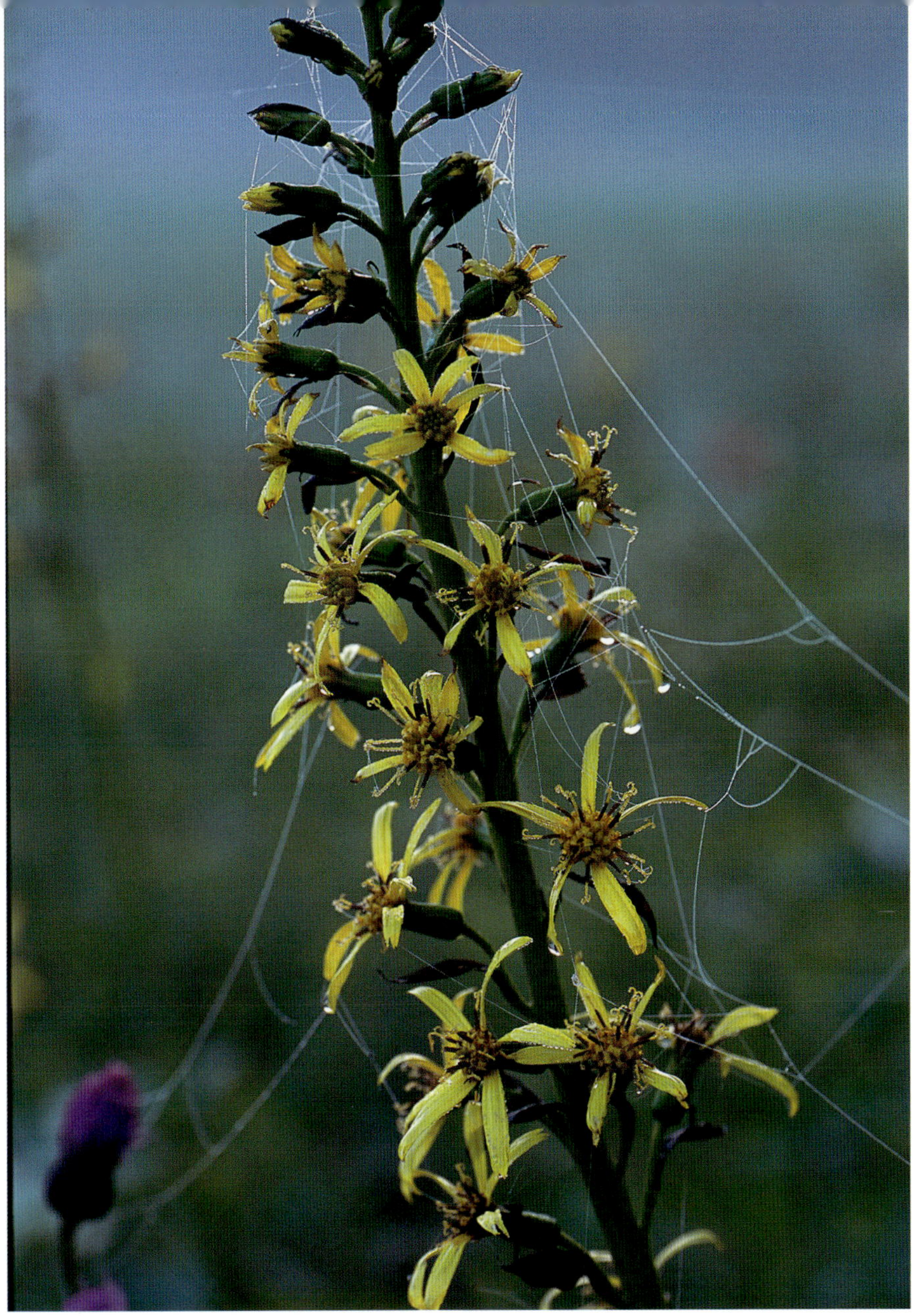

キク科メタカラコウ属●福島県尾瀬沼

尾瀬沼の長蔵小屋に泊まった翌早朝。八月の沼のほとりはすでに秋の気配で、サワギキョウ、コバギボウシ、コオニユリなど、初秋に咲く花が満開となっていた。中でも目をひいたのが、蜘蛛の糸をまとったこのオタカラコウだった。

連載している新聞、雑誌で三回、尾瀬で撮影した花が続いている。担当のF氏が偶然選んだ結果なのだが、候補写真の中に、尾瀬で撮ったものが、そもそも多かったのだ。

飽き性なのに、同じ場所に通い続ける理由は、自分でもはっきりしない。ただ、忙しいとき、疲れたとき、尾瀬にでも行こうかとすぐ思う。次々に咲く多彩な花、変わる景色、入山の簡便さ。そして、尾瀬という空間は、なんだかとても居心地いい。

一番好きな時間帯は、日の出前のいっとき。土砂降りでもない限り、外へ出る。すると、必ず、何かと出合えるのである。

沢瀉・面高

オモダカ

オモダカ科オモダカ属●長野県大町市

花の写真は天気の良い日に撮る、植物を撮り始めた頃は、私もそんなふうに思っていた。天気予報を入念にチェックし、予報によっては、撮影に出かける日にちを延ばしたり、中止したり。しかし、当日になってみたら現地は晴れていたりして、悔しい思いを何度もさせられた。

そこで、天気予報はあまり気にしないことにした。とにかく出かけていくことにしたのである。梅雨が明けるかどうかの微妙な時期などは、当然、雨に遭う機会も多くなる。そのうち、土砂降りの雨以外ならカメラを出すようになった。そして、雨の日は雨の日なりの面白い写真が撮れることに気付いた。

この写真は、雨を待ってシャッターを押した。連続して撮った中から、降り出したときに撮ったカットを選んだ。三弁の白い花がちょうど見頃だった。

撮影ワンポイント 海、湖、沼、池、川。水のある場所が大好きだ。水面に植物があれば、なおいい。そのようなときは時間をたっぷりと使って撮影する。写真の場所は道路際の田んぼの跡地。一度車で通り過ぎたのだが、目の端でとらえた白い花が気になり、引き返してみたら、涼しげなオモダカの花だった。こうして戻っても、撮影することは確率として少ないが、いい被写体に出合えるこのような場合もあるので、気になったときは戻るようにしている。

水大葉子

ミズオオバコ

トチカガミ科ミズオオバコ属◉山形県真室川町

熊王丸はふすまをいきなり開けると、「沼地へ行くぞ」と私をたたき起こした。頭にはオートバイ用のヘルメット、腰にカモシカの尻皮とナタをぶら下げている。時計を見るとまだ六時、だが、この爺さんの笑顔にはかなわない。十四年前の夏の終わり、私は年々減少していく水辺の植物を追っていた。前日、とっておきの場所に案内してもらう約束をしていたのである。

当時、熊王丸は八十三歳、奥羽本線釜淵駅前で商人宿を営んでいた。熊王丸は、旧国鉄職員時代に、調査で山中を走り回っていた頃付いたあだ名だという。

人なつこくて穏やかな人柄に、宿の居心地良さもあって、一週間も滞留したこともある。その頃、毎年のように訪ねていたのだ。撮影に同行すると、いつのまにか、キノコ採り、山菜採りに変わってしまうことも多かった。

さて、熊王丸のとっておきの場所は、ようやく車が入る農道のどん詰まりにあった。気持ち良く開けた空間に、小さな沼が点在し、水面にはミズオオバコやオモダカ、ヒツジグサなどの水生植物がひしめき合うように浮かんでいた。撮影は夕方までかかって、大満足の一日となった。

次に熊王丸に会いに行ったのは、それから数年後である。会えるものと信じて疑わなかったが、熊王丸はすでに亡くなっていた。遠いので、娘さんが気を遣って知らせをくれなかったのだ。忙しさにかまけて連絡しなかったのを、ひどく取り返しの付かないことをしたと後悔した。

千島実栗　チシマミクリ

ミクリ科ミクリ属◉北海道美深町

この年は、南アフリカとナミビアの旅から始まり、インドネシア、中国と、途切れることなく海外取材が続いた。

海外での撮影は、普段以上に緊張を強いられる。夏頃には私も疲れがたまってきた。そこで、休養のために二週間ほど、北海道で過ごすことにした。旭川に住む友人夫婦を頼り、彼らの家を出たり入ったり。カメラを離せないのが悲しいが、アポイ岳へ登り、大雪山《たいせつざん》周辺を歩き、網走へ足を延ばした。

この日は写真家である彼も一緒に美深町《びふかちょう》の松山湿原へ。お盆のさなかだったが、人の姿はまったくない。湿原には秋めいた風が吹き、エゾトリカブトの紫色の花が咲いていた。池塘《ちとう》の水面に水草が美しい曲線を描いていた。高山植物のホソバウキミクリだと思って撮影したが、東京に戻って調べてみると、希少なチシマミクリであると分かった。

未草　ヒツジグサ

スイレン科スイレン属◉群馬県尾瀬ヶ原

夏

171

ヒツジグサの名前は、未の刻（午後二時頃）に花を開かせるから、というが、実際には、天気が良ければ十時過ぎには開いている。水面に浮かぶ白い花は直径五センチほど、いかにも涼しげだ。でも、このいい状態を撮るには、一番暑い時間に大汗をかかなければならない。尾瀬では早朝と夕方しか撮影をしないのが習慣になっているのだが、この花ばかりはそうはいかない。

夕方には閉じてしまうので、一日のうちで咲いている時間は短いが、開花期は長く、七月から九月まで咲き続ける。秋には浮葉が黄、赤、オレンジなどに紅葉し、十一月の初雪の頃まで水面を彩る。水中の根の際をよく観察すると、浮葉とは違う海草のような沈水葉があるのが分かる。

生育地は高層湿原だけでなく、全国の沼地やため池など低地にも見られ、分布域は案外広い。

睡蓮

スイレン

スイレン科スイレン属●長野県志賀高原

子供の頃から水辺で遊ぶのが好きだった。中でも特別なのが沼。沼の定義はよく知らないが、私のイメージでは、周囲をアシに高くおおわれ、容易に近付くことができない所。近付けば、河童か何か得体の知れない動物や、見たことのない植物に出合えそうな感じがする場所である。

早朝車を走らせていて、遠目に池らしきものが見えた。海でも川でも湖でも、水辺となれば一応は近付かないわけにはいかない。そばまで車ごと乗り入れてみた。

池だと思ったが沼だった。日が昇る前で、音も風もなく、水面は群青色に沈み込んでいた。静かな水面に、白い睡蓮がまばらに浮かんでいた。

スイレンは、スイレン属約四十種の総称。日本で野生のスイレンといえばヒツジグサのみ。したがって、この花は園芸種だが、この国の風景にすっかりなじんで見える。

鬼蓮

オニバス

スイレン科オニバス属●新潟県新潟市

幼い頃、絵本や写真で見た、奇っ怪な植物たちが、いまだに気になっている。

南米アマゾンの沼地に咲くオオオニバスもそのひとつ。直径二メートルもある丸い葉が水面に浮かび、上に子供が乗っている絵柄を記憶している。葉の縁は立ち上がっていて、まるでたらいを浮かべたようでもあった。

日本にもこれに負けないような大きなハスがあると知ったのは、この仕事を始めてからのことだ。宮崎県の広大なため池に、数百枚のオニバスの葉が浮かんでいた。縁がないのでアマゾンのオオオニバスとはまた違う感じがする。しかし奇っ怪さは負けない。葉には全面鋭い刺《とげ》が生えており、花は時には葉を突き破って咲く。

時間を見つけては世界中に咲くそんな植物たちを撮りに出かけているが、オオオニバスはまだ見に行っていない。

蓮

ハス

スイレン科ハス属●新潟県阿賀野市瓢湖

湖面は大きなハスの花と葉で、ほとんど埋め尽くされていた。つぼみから、花びらをいっぱいに開かせたものまで、いろいろだ。私が一番美しいと思うのは、花弁が半分開きかけたふっくらとした状態の花だが、撮影には満開の花を選んだ。中心部の花托（花が付く部分）やしべの様子がよく分かるからである。

ハスという名前は、蜂の巣に由来している。花托は果期になると蜂の巣そっくりになるので、この説はうなずける。まずハチスと名付けられ、それがいつしかハスへと変わっていったようだ。『古事記』下巻「雄略天皇」の項では、ハチスの名で登場している。

泥の中の地下茎はおなじみの蓮根、実も料理に使われる。また、葉や花、茎などほとんどの部分が薬用にされる。観賞用として美しいだけではなく、これほど無駄のない植物も珍しい。

ダリア

［別名／ダリヤ、天竺《てんじく》牡丹《ぼたん》］

キク科ダリア属◉長野県大町市

小学生のとき、気まぐれにイモの形をしたダリアの球根を買ってきて、庭に植えてみたことがある。それが大人の背丈ほどにも伸び、直径十五センチを超える大きな花をいくつも咲かせた。あんなイモからどうして、と植物のもつ生命力にびっくりした。同時に、安い原価で美しい花をたくさん生み出して、大いに得をした気分になったのを覚えている。

それが面白かったのか、市場で鉢物を買ったり、種をまいたり、いっとき園芸少年のような凝りようだった。子供のことだから、やがて飽きてしまったが、植物に関わる仕事をするようになった素地は、その辺にあるのかもしれない。

最近のダリアの品種は小型化して、大きなものはほとんど見られなくなった。写真の株は高さ二メートルほど。原産はメキシコ、グアテマラで、標高千メートル以上の高地に生える。

雌待宵草

メマツヨイグサ

アカバナ科マツヨイグサ属●長野県大町市

この花を撮ったのは、夜明け前のまだ薄暗いうち。空が白み始めた頃、ようやくピントを合わせ、二秒ほどの露出時間をかけて撮影した。夜明け前から日の出までは、ここのところ私が一番大切にしている撮影時間帯である。

この時間、植物たちは昼間とはがらりと表情を変えてみせる。次々に発見があり、しんと静まりかえった中で、初めて出合った花に対するように、少し緊張し、ゆっくりとシャッターを押す。

月見草、宵待草などと呼ばれるこの仲間は、夕方に開花し、日が昇る頃にはしぼんでしまう。日本では他に、オオマツヨイグサなど数種類見ることができるが、すべて南・北アメリカ原産の帰化植物。メマツヨイグサには、どことなく女性的なやさしい風情があるが、道端や荒れ地、河原など、生育条件の厳しい場所で、たくましく生きる強靭さをもっている。

夕顔

ユウガオ

ウリ科ユウガオ属●長野県大町市

中綱《なかつな》湖畔に着くと、湖面をおおっていた霧が上がり始めた。早朝のこの時間帯が好きだ。朝日が差せば、とたんに周囲の景色が変わってしまう。それまでのしばしの間、周辺のものにカメラを向け続ける。

すぐ近くの畑でユウガオの花が咲いていた。ユウガオは名前の通り、夕方から開花し始め、日が当たるとしぼんでしまう。昼間見ると純白だが、薄闇の中で開いた花は、はかなさを感じさせるほど青白い。花は直径五～八センチほど、十五～三十キロの大型の果実がなる。これの未熟果を、薄くテープ状にむいて干したのが干瓢《かんぴょう》である。熱帯アフリカ原産で、古い時代から若い実は食用に、完熟した堅い果実は容器にするなど、さまざまに利用されてきた。

ヒルガオ科でユウガオと呼ばれている花は、正しくはヨルガオといい、違う種類である。

花笠菊 ハナガサギク

［別名／ヤエザキハンゴンソウ］

キク科オオハンゴンソウ属●長野県大町市

濃い朝靄の中、ゆっくりと車を走らせていたら、突然目の前にこの景色が現れた。後ろにあるのはバス停だろうか、なんだか映画のワンシーンのように印象的なたたずまい、迷ったがとにかくシャッターを押した。

夏の朝は不思議だ。なんでもないものが、何か意味のあるもののように見えたりする。植物たちも生き生きして昼間とは違う姿を見せる。

ハナガサギクは、オオハンゴンソウの八重咲き品で、北アメリカ原産の帰化植物。私には帰化植物はどこか、日本の風土になじんでないように思えるのだが、この花は田園風景にすっかり溶け込んでいる。

しかし、育つと草丈は三メートルほどになり、それが群生しているのは、帰化植物を表す英語「エイリアン」の呼称がぴったりの姿にも見えるのである。

向日葵 ヒマワリ

キク科ヒマワリ属◉山梨県北杜市

［別名／ニチリンソウ、ヒグルマ］

夏

広大なヒマワリの栽培地は、完全に観光地化しており、見物する人たちであふれかえっていた。天気は快晴で抜けるような青空、その下でヒマワリが整然と並び、同じ方を向いて咲いていた。もともと園芸種の撮影は避けたい方だが、中でもこういうシチュエーションは最も苦手である。よくあるような、お決まりのヒマワリの写真など撮りたくない。

気が乗らないのにやってきたのは、当時つくっていた本のため。どうしてもヒマワリの見開き写真が必要だったのである。しかし、ヒマワリに罪はないが、咲いているのを前にしても、やっぱり撮影意欲が湧いてこない。

人に揉まれながら、しばらく考えあぐねていると、雲が出てきて空の色が変わった。その空の色の変化が面白く、カメラを向けた。そうして、なんとかこのカットを撮ることができた。

鹿の子百合

［別名／ドヨウユリ、タナバタユリ］

カノコユリ

ユリ科ユリ属●徳島県美波町

カノコユリは、四国と九州に生える日本の野生種である。学名 Lilium speciosum の speciosum はラテン語で「美しい」という意味。その美しさゆえ、古くから栽培され、今では多くの園芸品種がある。シーボルトによってヨーロッパにも紹介された。

花びらには赤い斑点や小さな突起がある。これが鹿の子絞りのようだ、ということから、この名が付いたという。

しかし私は、素直に鹿の子の体を思い浮かべた。鹿の子には全身に細かい白い斑点がある。外敵から身をくらますための迷彩服のようなものだが、その柄とよく似ているのである。そもそも鹿の子絞りの語源もここからきているのではないだろうか。

それはさておき、撮影した辺りは数少ない自生地のひとつ。傾斜したやぶの中にひっそりと咲いているのを見たが、この写真は近くの人家に植えられていたもの。人の背丈ほどもあった。

夏水仙　ナツズイセン

ヒガンバナ科ヒガンバナ属◉山梨県北杜市

八月の日盛りの撮影はつらい。暑さをしのげる場所で、ひと休みしようと、集落の裏手に回り込んでみた。ひっそりとした一角があり、そこは小さな墓地で、ナツズイセンがたくさん花を咲かせていた。

この花との出合いは、いつもこんなふうだ。静かな場所、場違いともいえる花の派手さ、どこかちぐはぐな印象を受ける。

出自は不明で、日本の野生種とする考えもあるが、見かけるのはほとんどが人家の近くなので、古い時代に中国から渡来し、栽培されていたものが野生化したとも考えられている。

花の直径は八センチほど、茎の高さは七、八十センチ。ヒガンバナ科の特徴で、開花時に葉は見られない。葉は春先に出て初夏まで茂り、それが枯れる頃、花茎を立ち上げるのである。この株は今まで見た中で一番立派で、開花状態も最良だった。

烏瓜

［別名／玉章《たまずさ》］

カラスウリ

ウリ科カラスウリ属●静岡県伊東市

フィルムの色再現や色温度について繰り返し触れるのは、それだけ植物の色再現が難しいからである。花の色合い、葉のグリーンなどは、同じように見えても一つとして同じものはない。

正確な発色を望むなら、色温度が一定のストロボを使うのがいい。ただし、全体に自然な感じに仕上げるには、複数の光源と、十分な光量をもつ機材が必要だ。しかし、これは、フットワークを考えると実際的ではない。それでも、何度か使ってみたのだが、背景が光量不足で暗くなったり、フラットになったりで、うまくいかない。だから、基本的に人工光は使わないことにしている。

しかし、夜咲いて朝にはしおれてしまう花の場合は、どうしても使わざるを得ない。近くの公園にこの花が咲いていて、ある夏の夜、撮影に行ったことがある。夜の八時過ぎに、真っ暗な公園の片隅でストロボをたいた。突如光るのだから、通りかかる人はびっくりする。そのたびに不審な目を向けられた。夜咲く花は、夜行性の虫や鳥を引きつけるために目立つ必要があるので、純白で大柄なものが多い。この花も、一見の価値あるほど美しい。見れば私の行動も理解してもらえるのだが、手招きする勇気はなかった。

開花時刻の夜八時というのは、間違いなくアルコールが入っている時間。それでも、この写真は友人の別荘の庭先で撮ったので、じっくりと撮影することができた。反逆光気味に光を当ててみたら、立体感が出た。

苦瓜 ニガウリ（実）

［別名／ツルレイシ、ゴーヤ］

ウリ科ツルレイシ属●東京都杉並区

夏の日の早朝、窓を開け放つと、ひんやりとした風が入ってくる。みずみずしいニガウリの若葉が目にしみる。軒先にしつらえた棚から、行き先を失ったつるが数本、五十センチほどの長さで垂れ下がり、また這い上がろうとしている。薄い葉は光を通し、なんともいえないやさしい色になっている。

どこかの避暑地の話ではない。東京の我が家の、庭に面した仕事場での話である。

熱帯のような真夏の東京でも、早起きすると、こんな朝を迎えることができる。日が昇りきる前の短い間だが、なんとか涼しげなひと時を過ごすことができるのである。ニガウリの葉を眺めながら、ゆっくりと朝のストレッチをする。この美しさをどうにか写真にしたいと思うのだが、せっかく得た静かな時間がもったいなくて、カメラを取り出せないでいる。

五月中旬に植え付けた五、六株のニガウリは、六月下旬には、棚の上までつるを伸ばし、七月半ばに棚の全面をおおい尽くす。直径三センチほどの黄色い花が咲き、やがて、食べきれないほどの数の実が棚からぶら下がる。

思い付く限りの料理法で食べてみるが、そのうち飽きて収穫しないでおくと、この写真のようになるのである。

緑色の実は、放っておくと少しずつ黄色へ変わっていく、緑色と黄色がおしゃれなグラデーションを見せる。完全に黄色になると下部が割れ、毒々しいまでに赤い色の種子を吐き出す。

浜苦菜 ハマニガナ

［別名／ハマイチョウ］

キク科ニガナ属●新潟県上越市

植物写真家が一番忙しいのは、季節でいえば春から夏にかけて、だいたい四月から八月の間である。

ある時期、七月、八月は高山植物を撮るために、ほとんど、どこかの山に登っていたことがあった。私の子供たちがまだ小さい頃で、彼らが海や山へ遊びに行きたい夏休みは、父親が一番忙しく、いつも不在、という状態だった。その頃は、常に高山植物関連の出版を抱え、最も精力的に各地の山々を回っていたのである。

春先に仕事を開始し、徐々に体を慣らしていって、五月、六月には絶好調となる。梅雨にちょっと休み、梅雨明けの七月から高山に登り始める。そして、高山植物の撮影が一段落する八月下旬になると、お決まりのようにスタミナ切れとなった。

そうなると、切り替え時である。気分転換と休養、そして家族サービスのため、山から下りてさっさと高原、または海へと移動する。だから、子供が小学生の頃の家族旅行は、八月の終わりと決まっていた。夏の終わりの海にはクラゲがいっぱいいたが、みんなめげずに楽しんだものである。

このハマニガナの写真は、そんな家族旅行中に撮影したもの。直径二センチにも満たない小さな花は、生育環境としては過酷ともいえる砂浜に、四月から十一月頃まで咲き続ける。私よりずっと働き者である。

この時の私の撮影スタイルは海水パンツ。休息中といいながら、やっぱり仕事をしてしまったのである。

初出一覧

『しんぶん赤旗　日曜版』(日本共産党中央委員会)「草木巡り」(全13回)
2003年11月16日〜2004年10月31日

『アサヒカメラ』(朝日新聞社)「木原浩の花草子」(全24回)
2005年1月号〜2006年12月号

『東京新聞　サンデー版』(中日新聞東京本社)「草木帖」(全103回)
2005年5月1日〜2007年4月29日

『婦人公論』(中央公論新社)「野の花ノート」(全241回)
2004年3月22日号〜2014年12月22日&2015年1月4日合併号

●学名は基本的に1964年の新エングラー体系に基づいています。

ヤチブキ※ …… 上106
ヤッコソウ …… 下58
ヤドリギ …… 下136-137
ヤナギラン …… 上136
ヤブツバキ …… 下114-115
ヤブレガサ …… 上21
ヤブレガサウラボシ …… 下178
ヤマアジサイ …… 下132
ヤマアララギ※ …… 上17
ヤマザクラ …… 上38
ヤマシャクヤク …… 上83
ヤマツバキ※ …… 下114-115
ヤマトグサ …… 上58
ヤマドリゼンマイ …… 上108
ヤマノイモ(実) …… 下133
ヤマブキ …… 上47
ヤマブドウ …… 下74-75
ヤマホタルブクロ …… 上113
ヤマモミジ …… 下83
ヤマモモ(実) …… 上112
ヤマユリ …… 上128
ヤマラッキョウ …… 下38
やんばるの森 …… 下180
ユウガオ …… 上177
ユキツバキ …… 上64
ユキノシタ …… 上97
ユキモチソウ …… 上55
ユキヤナギ …… 上66
ユキワリコザクラ …… 上75-76
ヨシ※ …… 下66-67
ヨモギ …… 下123

ら

リシリシオガマ※ …… 上155
リシリヒナゲシ …… 上154
リュウキュウセッコク …… 下167
リュウキュウツワブキ …… 下174
リュウキュウハゼ※ …… 下96
リュウキンカ …… 上107
リュウノヒゲ※ …… 下141
リンドウ …… 下23
ルリハコベ …… 上30
レンゲショウマ …… 下13
ロウノキ※ …… 下96
ロウバイ …… 下150

わ

ワサビ …… 上82
ワスレナグサ …… 上100
ワタスゲ …… 上133

ヒカンザクラ※ …… 下152
ヒガンバナ …… 下15-17
ヒグルマ※ …… 上179
ヒダカミセバヤ …… 下31
ヒツジグサ …… 上171・下71-73
ヒトコロビノキ※ …… 上126
ヒナウスユキソウ※ …… 上148-149
ヒナタイノコヅチ …… 下89
ヒマワリ …… 上179
ヒメコブシ※ …… 上18-19
ヒメツルアダン …… 下153
ヒメツルソバ …… 下108
ヒルガオ …… 下18
フキノトウ …… 上43
フクジュソウ …… 上14-15
フジアザミ …… 下19
ブナ …… 上90・下69
ブナ(実) …… 下76
冬木立 …… 下138-139
フユザクラ …… 下109
ベニガクヒルギ※ …… 下160
ベニシオガマ …… 上155
ベニヤマザクラ※ …… 上44-45
ホウソ※ …… 下87
ホオノキ …… 上86-87
ホクロ※ …… 上34
ホタルカズラ …… 上98
ホテイラン …… 上110
ホトトギス …… 下44-45
ポリゴヌム※ …… 下108
ポンポン※ …… 上113

ま

マコモ …… 下34
マサキ(実) …… 下103
マツムシソウ …… 下9-11
マツムラソウ …… 下171
マテバシイ …… 上103
マンサク …… 下147-148
マンジュシャゲ※ …… 下15-17
マンリョウ(実) …… 下98
ミズオオバコ …… 上169
ミズドクサ …… 上140
ミズナラ(実) …… 下77
ミズバショウ …… 上81
ミスミソウ …… 上13
ミゾソバ …… 下40
ミツガシワ …… 上78・134-135
ミツバカイドウ※ …… 下125
ミツバツツジ …… 上69
ミツマタ …… 上16
ミミガタテンナンショウ …… 上54
ミヤマウスユキソウ …… 上148-149
ミヤマシキミ(実) …… 下100
ミヤマツツジ※ …… 上71
ミヤマムラサキ …… 上158
ムシカリ …… 上104
ムシトリナデシコ …… 上129
ムニンノボタン …… 下183
ムラサキ …… 上99
ムラサキタンポポ※ …… 上56
ムラサキハナナ※ …… 上25
ムラサキヤシオ …… 上71
ムラダチ※ …… 上27
メイゲツカエデ※ …… 上91・下84
メマツヨイグサ …… 上176
モジズリ※ …… 上111
モチグサ※ …… 下123
モチツツジ …… 上70
モンパノキ …… 下159

や

ヤエザキハンゴンソウ※ …… 上178
ヤエヤマセンニンソウ …… 下172
ヤエヤマヒルギ …… 下158
ヤチサンゴ※ …… 下36

チシマキンレイカ …… 上163
チシマザクラ …… 上65
チシマミクリ …… 上170
チシャ※ …… 上27
チシャノキ※ …… 上85
チョウチンバナ※ …… 上113
チングルマ …… 下25-26
ツキ※ …… 下86
ツクシ …… 上22-23
ツバキ※ …… 下114-115
ツメレンゲ …… 下30
ツルウメモドキ(実) …… 下129
ツルレイシ※ …… 上183
ツワブキ …… 下54
テッポウユリ …… 下154
テンジクボタン※ …… 上175
ドクウツギ(実) …… 上126
トッカン※ …… 上113
トックリバナ※ …… 上113
トビラノキ※ …… 下104
トベラ(実) …… 下104
ドヨウユリ※ …… 上180

な

ナガジイ※ …… 下78
ナツズイセン …… 上181
ナツツバキ …… 下118
ナナカマド …… 下70
菜の花 …… 上11
ナリヤラン …… 下168
ナンテン(実) …… 下130
ニオイコブシ※ …… 上88
ニガウリ(実) …… 上183
ニチリンソウ※ …… 上179
ネコジャラシ※ …… 下60-62
ネコヤナギ …… 上8-10
ネジバナ …… 上111
ネムノキ …… 上115
ノアサガオ …… 上31
ノウルシ …… 上52
ノコンギク …… 下37
ノハナショウブ …… 上137
ノボタン …… 下156
ノミノフスマ …… 上60

は

ハウチワカエデ …… 上91・下84
ハクサンコザクラ …… 上143
ハクサンシャクナゲ …… 上160
ハクサンフウロ …… 下88
ハコネバラ※ …… 上114
ハシリドコロ …… 上42
ハス …… 上174
ハゼ※ …… 下96
ハゼノキ …… 下96
ハナガサギク …… 上178
ハナダイコン※ …… 上25
ハナネコノメ …… 上24
ハマイチョウ※ …… 上184
ハマオモト …… 上120-122
ハマギク …… 下52
ハマサジ …… 下41
ハマダイコン …… 上26
ハマナス …… 上118
ハマニガナ …… 上184
ハマボウフウ …… 上116
ハママンネングサ …… 下155
ハマムラサキノキ※ …… 下159
ハマユウ※ …… 上120-122
ハヤチネウスユキソウ …… 上150
ハルジオン …… 上79-80
ハルユキノシタ …… 上96
ハルリンドウ …… 上93
ハンゲショウ …… 上124
ハンノキ …… 下146
ヒカゲヘゴ …… 下179

サツキ …… 上67-68
サツキツツジ※ …… 上67-68
サルトリイバラ(実) …… 下97
サルナシ(実) …… 下79
サワアジサイ※ …… 下132
サワギキョウ …… 上164-165
サンショウバラ …… 上114
シコウラン …… 下170
シコタンソウ …… 上145
シシガシラ※ …… 下112
ジジババ※ …… 上34
シデコブシ …… 上18-19
シナマンサク …… 下149
ジネンジョ※ …… 下133
シビトバナ※ …… 下15-17
シママンネングサ※ …… 下155
霜 …… 下121
シモバシラ …… 下127
ジャノヒゲ(実) …… 下141
シャラノキ※ …… 下118
シャリンバイ …… 上61
シュンラン …… 上34
ショウキズイセン …… 下173
ショウキラン …… 上131
ショウジョウバカマ …… 上92
ショカツサイ …… 上25
シラクチヅル※ …… 下79
シラネアオイ …… 上138
シロバナハンショウヅル …… 上49
シロバナヒルギ※ …… 下158
シロブナ※ …… 上90・下69・76
スイセン …… 下110-111
スイバ …… 上94-95・下126
スイレン …… 上172
スカシユリ …… 上123
スカンポ※ …… 上94-95・下126
ズサ※ …… 上27
ススキ …… 下35
スズムシソウ …… 上101
スズムシラン※ …… 上101
スズメノケヤリ※ …… 上133
スダジイの実 …… 下78
ズミ(実) …… 下125
スミレ …… 上35
セイタカタウコギ※ …… 下122
セイヨウタンポポ …… 上37
セツブンソウ …… 上12
センダン(実) …… 下135
センボンヤリ …… 上56
センマイバ※ …… 下182
センリョウ(実) …… 下99
雑木林新緑 …… 上39
ソウシカンバ※ …… 下124
ソテツ …… 下184
ソナレセンブリ …… 下42
ソラチコザクラ …… 上77

た

ダイモンジソウ …… 下20
タイワンエビネ …… 下175
タイワンホトトギス …… 下176
タカオカエデ※ …… 下85
タカネオミナエシ※ …… 上163
タカネナデシコ …… 上157
タカネマツムシソウ …… 下12
ダケカンバ …… 下124
タコノアシ …… 下32
タチカンツバキ …… 下113
タチシャリンバイ※ …… 上61
タナバタユリ※ …… 上180
タマズサ※ …… 上182・下90
タマノカンアオイ …… 上40
タマボウキ※ …… 下107
タムシバ …… 上88
ダリア …… 上175
ダリヤ※ …… 上175
ダルマソウ※ …… 上53
チシマギキョウ …… 上156

カタシログサ※……上124
カノコユリ……上180
ガマ……下63
カムシバ※……上88
カヤ(実)……下29
カラスウリ……上182
カラスウリ(実)……下90
カラスザンショウ……下116
カラマツ……上102・下68
枯蓮……下128
カンアオイ……下57
カンイタドリ※……下108
ガンタチイバラ※……下97
カンツバキ……下112
カンツワブキ……下55
カントウタンポポ……上36
カンヒザクラ……下152
カンラン……下105
キイレツチトリモチ……下59
キクイモ……下14
キクモ……下33
キケマン……上29
キジョラン(実)……下106
キタヨシ※……下66-67
キチガイイモ※……上42
キチガイナスビ※……上42
キバナシオガマ……上152
キバナシャクナゲ……上159
キバナノアツモリソウ……上139
キバナノホトトギス……下43
キヨシソウ……上130
ギランイヌビワ……下157
キリンソウ……上119
クガイソウ……下8
クサトベラ……下181
クヌギ……下134
クマガイソウ……上62
クモイリンドウ……下22
クルマギク……下46
クロガネモチ(実)……下95
クロブナ※……上89
クロミノウグイス※……上127
クロミノウグイスカグラ(実)……上127
グンバイヒルガオ……上117
ゲットウ(実)……下161
ケヤキ……下86
ケヤキの木肌に付いた地衣類……下119
コイワカガミ……上161
コウヤハンショウヅル……上84
コウヤボウキ(実)……下107
コオニユリ……上141-142
ゴーヤ※……上183
コクワ※……下79
コケモモ(実)……下27
ココメバナ※……上66
コシオガマ……下39
コツブキンエノコロ……下60-62
コナシ※……下125
コナラ……下87
コバイケイ※……上146-147
コバイケイソウ……上146-147
コバギボウシ……上166
コバザクラ※……下109
コハモミジ※……下85
ゴバンノアシ……下166
コブシ……上17
コブシハジカミ※……上17
コマクサ……上162
コリンゴ※……下125
ゴンズイ(実)……下81

さ

サガリバナ……下164-165
サキシマフヨウ……下177
サクラソウ……上73
サクラアラン……上105
ザゼンソウ……上53
サダソウ……上32

さくいん

植物名の後に※のついたものは別名
上:[春・夏編]、下:[秋・冬編]

あ

アオキ(実) …… 下102
アカバナヒルギ※ …… 下160
アキグミ(実) …… 下28
アキノノゲシ …… 下120
アケビ …… 上48
アケボノツツジ …… 上72
アコウザンショウ※ …… 下116
アシ …… 下66-67
アシズリノジギク …… 下49-51
アゼトウナ …… 下53
アッケシソウ …… 下36
アブラチャン …… 上27
アポイクワガタ …… 上153
アマナ …… 上41
アメリカセンダングサ …… 下122
イイギリ(実) …… 下92-94
イソギク …… 下47-48
イタジイ※ …… 下78
イチョウ(実) …… 下80
イチロベエゴロシ※ …… 上126
イトラッキョウ …… 下56
イヌビワ(実) …… 下101
イヌブナ …… 上89
イロハカエデ※ …… 下85
イロハモミジ …… 下85
イワグルマ※ …… 下25-26
イワタイゲキ …… 上33
イワタバコ …… 上125
イワベンケイ …… 上144
ウシノヒタイ※ …… 下40
ウツギ(実) …… 下131
ウド …… 上57
ウノハナ※ …… 下131
ウミショウブ …… 下162-163
梅 …… 下142-145
ウラシマツツジ …… 下24
ウラジロ …… 下140
エゴノキ …… 上85
エゾオオサクラソウ …… 上74
エゾトウヤクリンドウ※ …… 下22
エゾノリュウキンカ …… 上106
エゾヤマザクラ※ …… 上44-45
エゾリンドウ …… 下21
オオアラセイトウ※ …… 上25
オオイヌノフグリ …… 上20
オオガシワ※ …… 上86-87
オオカメノキ※ …… 上104
オオシマザクラ …… 上28
オオナラ※ …… 下77
オオバヒルギ※ …… 下158
オオハマギキョウ …… 下182
オオヒラウスユキソウ …… 上151
オオミスミソウ …… 上50
オオヤマザクラ …… 上44-45
オカトラノオ …… 上132
オギ …… 下64-65
オキナグサ …… 上63
オギヨシ※ …… 下64-65
オクチョウジザクラ …… 上46
オタカラコウ …… 上167
オドリコソウ …… 上59
オナガエビネ …… 下169
オニグルミ …… 下117
オニバス …… 上173
オヒルギ …… 下160
オモダカ …… 上168

か

カカラ※ …… 下97
カタクリ …… 上51

著者紹介

木原　浩（きはら ひろし）

1947年、東京に生まれる。1969年大学中退後、山岳写真家白川義員氏の助手として半年間ヒマラヤに同行。1970年に植物写真家冨成忠夫氏の助手になる。1976年、山と溪谷社より『野外ハンドブック1 山菜』（共著）出版を契機に独立。以後、野生植物を中心に撮影、図鑑をはじめとする単行本、雑誌、カレンダー、切手など、多彩な仕事で今日に至る。既刊書に『世界植物記　アフリカ・南アメリカ編』『世界植物記　アジア・オセアニア編』（ともに平凡社）がある。

装丁・レイアウト・DTP ―― 美柑和俊＋MIKAN-DESIGN
画像調整 ―― 関口五郎（ROUTE56）
製版 ―― 細野　仁（株式会社東京印書館）
編集 ―― 川畑博高
校正 ―― 株式会社アンデパンダン

野の花づくし　季節の植物図鑑［春・夏編］

発行日 ―― 2019年2月20日　初版第1刷

著　者 ―― 木原　浩
発行者 ―― 下中美都
発行所 ―― 株式会社 平凡社
東京都千代田区神田神保町3-29
〒101-0051　振替00180-0-29639
電話 03(3230)6582［編集］　03(3230)6572［営業］
ホームページ http://www.heibonsha.co.jp/

印　刷 ―― 株式会社東京印書館
製　本 ―― 大口製本印刷株式会社

ISBN978-4-582-54255-4　NDC分類番号472
菊倍変型判(25.7 cm)　総ページ192